粳高粱微波干燥机理与参数试验研究

张吉军　衣淑娟　贾昕宇　著

黑龙江大学出版社
HEILONGJIANG UNIVERSITY PRESS
哈尔滨

图书在版编目（CIP）数据

粳高粱微波干燥机理与参数试验研究 / 张吉军，衣
淑娟，贾昕宇著． -- 哈尔滨：黑龙江大学出版社，
2024.4
  ISBN 978-7-5686-1148-0

  Ⅰ．①粳… Ⅱ．①张… ②衣… ③贾… Ⅲ．①微波技
术－应用－高粱－干燥－研究 Ⅳ．① TS213.3

中国国家版本馆 CIP 数据核字（2024）第 086345 号

粳高粱微波干燥机理与参数试验研究
JINGGAOLIANG WEIBO GANZAO JILI YU CANSHU SHIYAN YANJIU
张吉军　衣淑娟　贾昕宇　著

责任编辑　于晓菁
出版发行　黑龙江大学出版社
地　　址　哈尔滨市南岗区学府三道街 36 号
印　　刷　天津创先河普业印刷有限公司
开　　本　720 毫米 ×1000 毫米　1/16
印　　张　13.25
字　　数　225 千
版　　次　2024 年 4 月第 1 版
印　　次　2024 年 4 月第 1 次印刷
书　　号　ISBN 978-7-5686-1148-0
定　　价　68.00 元

本书如有印装错误请与本社联系更换，联系电话：0451-86608666。

前　　言

　　高粱作为我国重要的杂粮作物,在酿酒、制淀粉、制乙醇、制饲料等领域得到了广泛的应用。我国对粮食安全高度重视,对农产品精深加工、酿酒、制乙醇及杂粮产业快速发展有更高的要求,因此高粱种植与精深加工具有良好的发展空间和产业优势。大力发展高粱相关产业对于改善我国农业产业结构的布局、提高农产品竞争力、增加农民收入有重要的现实意义。随着高粱集中化种植规模的不断扩大,高粱收获后的机械化干燥处理已成为必然选择。

　　针对目前高粱机械化干燥方法较单一、碳排放量较大、干燥质量不够高、干后高粱在储藏期间难以抵抗虫害等问题,本书以北方粳高粱为研究对象,将微波技术应用于粳高粱的干燥处理,基于干燥试验台研制、理论建模、模拟仿真等对粳高粱微波干燥机理与参数进行试验研究,力求为粳高粱微波干燥产业化应用提供必要的理论、数据支持。本书的主要研究结果如下:

　　(1)本书测定了龙杂10和凤杂42粳高粱籽粒的物料特性,其千粒重均值分别为33.11 g、31.19 g,籽粒的体平均尺寸分别为4.02～4.30 mm和3.95～4.25 mm,直链淀粉含量分别为20.24%、18.99%,总淀粉含量分别为67.60%、61.03%,单宁含量分别为1.21%、0.91%,总蛋白含量分别为9.20%、8.30%。本书分析了粳高粱的热特性和介电特性参数,可以为干燥试验台研制、模型仿真及品质研究提供数据支持。

　　(2)本书设计了微波干燥试验台的干燥腔尺寸和波导尺寸,其中干燥腔尺寸为630 mm×610 mm×650 mm,波导尺寸为40 mm×80 mm;设计了转速为5 r/min的旋转托架以及独立电机驱动的轴流风机排湿系统、干燥参数能自动化执行的可编程逻辑控制器(PLC)控制系统;仿真优化设计的微波辐射距离为500 mm,三个波导按"一竖两横"品字形方式排布;根据坡印亭定理对波导尺寸进行分析可得,微波干燥床上 XOZ 面内的辐射角在 $\pm 26°7'37''$ 范围内,YOZ 面内的辐射角在 $\pm 34°29'32''$ 范围内,辐射角内任何一点处的微波功率密度均大于该面内最大微波功率密度的二分之一。

(3)本书开展粳高粱薄层微波干燥单因素试验,研究了单位质量干燥功率、单次微波作用时间、排湿风速、间歇比对粳高粱含水率、物料温度及干燥速率的影响。结果表明:含水率下降过程包含预干燥、恒速干燥和降速干燥三个阶段;物料温度升高过程包含快速上升和趋于稳定两个阶段;干燥参数处于低水平时,干燥速率变化过程包含快速上升、恒速和降速三个阶段;干燥参数处于高水平时,干燥速率变化过程包含快速上升和降速两个阶段。本书建立了粳高粱薄层微波干燥的 Page 动力学模型并进行试验验证,结果表明:预测值与试验值的误差不超过3%。

(4)本书采用微元体积控制单元离散粳高粱籽粒,建立了微波干燥过程中单个粳高粱籽粒的球坐标传热传质方程,并用 MATLAB 软件对方程进行了模拟分析。结果表明:随着干燥时间的增加,从籽粒表层到中心区域任一点的温度都表现出"先快速升高,后缓慢升高,再趋于稳定"的变化规律;除籽粒表层外,籽粒内部任一点的湿含量下降均包括预干燥、恒速干燥和降速干燥三个阶段;在干燥过程中,籽粒中心区域的温度和湿含量都高于籽粒表层;籽粒表层与籽粒中心区域的温差值、湿含量差值都随着干燥时间的增加先逐渐增大再逐渐减小,干燥结束时籽粒内、外温度和湿含量趋于相近。

(5)本书以单位质量干燥功率、单次微波作用时间、排湿风速和间歇比作为试验因素,对粳高粱干燥样品的单宁含量、总蛋白含量、总淀粉及直链淀粉含量、淀粉官能团、淀粉形貌、淀粉黏度、淀粉衰减值及回生值、淀粉糊化温度及糊化焓等品质指标,以及单位能耗、平均干燥速率、终了含水率等性能指标进行了筛选,确定出被试验因素显著影响的品性指标。结果表明:微波干燥对粳高粱单宁含量、总蛋白含量、总淀粉含量、淀粉官能团、淀粉粒径、淀粉糊化温度及糊化焓和终了含水率等品性指标影响不显著,对满足筛选目标的淀粉回生值、单位能耗和平均干燥速率等品性指标影响显著。微波干燥对粳高粱发芽率有很大的影响,本书采用的干燥试验条件使粳高粱几乎失去发芽性能。

(6)本书以单位质量干燥功率、单次微波作用时间、排湿风速和间歇比作为试验因素,以单位能耗、平均干燥速率和淀粉回生值作为评价指标,对粳高粱进行响应曲面干燥试验与分析。结果表明:单次微波作用时间、单位质量干燥功率、间歇比是影响粳高粱品质和干燥工艺性能的重要因素。优化的干燥工艺参数组合为:单位质量干燥功率为 3 W/g、单次微波作用时间为 40 s、排湿风速为 1.0 m/s、间歇比为 1:4。在此干燥条件下,粳高粱微波干燥单位能耗为 20090.42 kJ/kg,平均干燥速率为 0.782%/min,淀粉回生值为 734.25 mPa·s。

(7)本书运用蛋白质组学技术分析天然粳高粱经微波干燥处理后差异表达蛋白的变化情况,从分子层面分析微波干燥对粳高粱蛋白质的影响。结果表明:天然粳高粱经微波干燥处理后,在筛选出的 85 个差异表达蛋白中,有 51 个蛋白上调表达,有 34 个蛋白下调表达。KEGG 通路富集分析结果表明:差异表达蛋白极显著($P < 0.01$)参与碳代谢、糖酵解/糖异生、光合生物碳固定、氨基酸的生物合成、氨基糖及核苷酸糖代谢、三羧酸(TCA)循环等代谢途径;显著($0.01 < P < 0.05$)参与淀粉及蔗糖代谢、核糖核酸(RNA)降解、内质网中的蛋白质加工、次级代谢物生物合成等代谢途径。差异表达蛋白互作分析结果表明:在已鉴定出的差异表达蛋白中,连接度较高的上调表达蛋白包括磷酸甘油酸变位酶和磷酸丙酮酸水合酶,连接度较高的下调表达蛋白包括 3 - 磷酸甘油醛脱氢酶和果糖二磷酸醛缩酶。其中,3 - 磷酸甘油醛脱氢酶在整个互作网络中连接度最高,该蛋白可能是影响整个系统代谢或信号转导途径的关键。这 4 种蛋白的上调或下调表达会对上述代谢通路产生直接或间接的影响,尤其是会对糖酵解、糖代谢相关的代谢通路产生影响(因为这 4 种蛋白与糖酵解、糖代谢的关联度都很高)。

本书由黑龙江八一农垦大学张吉军、衣淑娟、贾昕宇撰写。其中张吉军撰写第 1、2、3 章及辅文,共计 12.0 万字;衣淑娟撰写第 7 章,共计 1.8 万字;贾昕宇撰写第 4、5、6 章,共计 8.7 万字。本书的撰写得到衣淑娟教授的指导和帮助,由其进行统稿和审读,在此向衣淑娟教授致以诚挚的谢意。

感谢大庆市指导性科技计划项目(zd - 2023 - 67)、黑龙江八一农垦大学"学成、引进人才科研启动计划"项目(XDB202406)、黑龙江八一农垦大学"三纵"科研支持计划项目(ZRCPY202102)、黑龙江八一农垦大学"杂粮生产与加工"特色学科项目(gczl202309)对本书出版的支持。限于笔者水平,书中难免存在不妥之处,恳请广大读者批评指正。

张吉军

2024 年 2 月

目　　录

第1章　绪论 ……………………………………………………… 1

1.1　研究背景及意义 ……………………………………………… 1

1.2　研究现状 ……………………………………………………… 5

1.3　本书主要研究内容 …………………………………………… 15

第2章　粳高粱物料特性与微波干燥试验台研制 ……………… 17

2.1　粳高粱物料特性测定 ………………………………………… 17

2.2　微波干燥的基本原理 ………………………………………… 23

2.3　微波干燥试验台设计 ………………………………………… 26

2.4　关键部件设计 ………………………………………………… 29

第3章　粳高粱薄层微波干燥特性试验与动力学模型建立 …… 61

3.1　粳高粱薄层微波干燥特性试验研究 ………………………… 61

3.2　粳高粱微波干燥动力学模型建立 …………………………… 77

第4章　粳高粱微波干燥传热传质理论模型建立 ……………… 92

4.1　单个粳高粱籽粒传热传质模型建立 ………………………… 92

4.2　传热传质模型仿真分析 ……………………………………… 107

第5章　粳高粱微波干燥的主要品性指标筛选 ………………… 119

5.1　试验方法及试验安排 ………………………………………… 119

5.2　试验材料、试剂及仪器设备 ………………………………… 119

5.3　主要品性指标 ………………………………………………… 120

5.4　干燥工艺参数对粳高粱主要品性指标的影响 ……………… 128

第 6 章 粳高粱微波干燥工艺参数试验研究……………………………… 159

   6.1 试验材料与方法 ……………………………………………… 159

   6.2 试验设计 ……………………………………………………… 160

   6.3 结果与分析 …………………………………………………… 160

第 7 章 基于 Label – free 技术的微波干燥粳高粱蛋白质组学

         分析 ……………………………………………………………… 174

   7.1 试验材料与方法 ……………………………………………… 174

   7.2 结果与分析 …………………………………………………… 177

参考文献 …………………………………………………………… 191

第1章 绪 论

1.1 研究背景及意义

高粱为禾本科、高粱属、一年生草本植物,是我国古老的旱地粮食作物之一,在我国已有几千年的栽培历史。高粱曾作为拓荒的先锋作物,遍布我国大江南北、长城内外。尤其是在早期的旱涝灾害之年,高粱被人们称为"救命粮""生命之谷"。

在农业科技快速发展的今天,高粱依然有着广泛的用途。高粱籽粒可作为主粮、杂粮和饲料,还可制作酒、淀粉、醋、饴糖等食品;粒用高粱茎秆可造纸以及制作建材、燃料等;甜高粱茎秆可制作结晶糖、糖浆、乙醇,还可作为青贮饲料和青饲料。目前,高粱仍然是非洲国家的重要粮食作物之一,并且其因具有良好的乙醇生产前景而备受各国关注。在我国,高粱已成为重要的杂粮作物和酿造白酒的重要原料。

黑龙江省是我国北方高粱主产区之一,高粱种植区主要集中在西部的松嫩平原,大部分种植面积集中在松嫩平原中南部的大庆、齐齐哈尔、绥化等地区。松嫩平原位于我国东北平原黑土带上,位于黑龙江省中西部地区。由于该地区土壤干旱、沙化、盐碱地面积大,种植玉米、水稻等需肥量较高作物的综合效益较低,且肥料的大量施入会使土壤生态恶化,因此从保护黑土地、保护生态环境的角度来看,该地区适宜发展高粱等耐瘠薄杂粮作物的种植与生产。

目前,我国高粱种植分为小面积分散种植和大面积集中种植两种。小面积分散种植的高粱一般在蜡熟后期收获,割倒后一般在田间晾晒3~5 d使其湿基含水率下降并增加后熟作用,待湿基含水率降到16%以下时进行脱粒,然后在晾晒场地上进行晒粒,待湿基含水率降到14%以下时进行储藏。自然晾晒虽然能够保持高粱的原始品质,但其存在较多不足,如操作时间长,易受天气变化的影响,占用大量场地和耗费人力、物力,处理不当易使高粱发霉变质造成较大的损失,等等。图1-1所示为干燥不及时导致的高粱籽粒发霉。据研究,谷物采用人工自然晾晒的损失率约为机械干燥损失率的3倍。对于大面积集中种植的高粱,需要采用高粱谷物联合收割机进行机械化收获,如图1-2所示。为了降低机械收获的损失率,一般在高粱籽粒的湿基含水率达到17%~20%时进行收获。由于机械收获量大且高粱水分含量较高,若不及时进行干燥处理,高粱就会产生霉变,造成巨大的损失,因此高粱收获后需要及时进行干燥处理,在其湿基含水率达到12%左右后进行安全储藏。在黑龙江地区,高粱收获时的早晚温差较大,未及时干燥的高粱籽粒遇霜冻极易产生机械损伤和原生质脱水,严重影响高粱的内在品质。综上所述,小面积分散种植和大面积集中种植的高粱收获后都需要及时进行干燥处理,从而保证其安全储藏并减少损失。

图1-1 发霉高粱

图1-2 龙杂系列高粱及其机械化收获

　　高粱因具有淀粉含量高和蛋白质、脂肪含量低等特性而成为酿造白酒的首选原料。在我国,传统白酒的年生产量及消费量均非常大,因此高粱的需求量很大。当前,白酒酿造正在追求更高的品质,需要大量的优质高粱。大量新收获的优质酿酒高粱如果采用不合理的干燥技术和方法进行处理,则会破坏其原有的高品质,无法酿造出高品质的白酒。因此,采用合理的干燥技术对高粱进行高质量干燥是酿酒产业高质量发展的现实需求。

　　在自然晾晒或热风干燥高粱的储藏期间,有害生物对其品质也有较大的危害。研究表明:高粱储藏期间易生害虫(主要为玉米象、锈赤扁谷盗、麦蛾、粉螨等),可将高粱蛀成空壳;当含水率为 12.7% 的高粱在 25 ℃ 下常规储藏 6 个月时,高粱堆内虫害泛滥。可见,目前自然晾晒和热风干燥都无法更好地抑制高粱储藏过程中的虫害,因此寻求能够杀虫、灭菌、抑制高粱呼吸作用的干燥技术是实现高粱高质量储藏的现实需要。

　　《"十四五"全国清洁生产推行方案》要求:在工业、农业等领域全面推行和深化清洁生产,不断壮大清洁生产产业,促进实现碳达峰、碳中和目标。保护生态环境是我国长期的发展理念,大力发展节能、绿色干燥技术是适应国家发展目标、实现粮食干燥产业可持续发展的必然要求。

　　自然晾晒无法满足大量高粱干燥的及时性需求和品质需求,而机械化干燥则可以满足。随着高粱种植规模、集中化种植面积的逐步增大,高粱收获后进行机械化干燥成为必然趋势。如表 1 - 1 所示,目前常用的粮食干燥技术主要包括热风干燥、真空冷冻干燥、太阳能干燥、红外干燥、微波干燥等,它们各有优势和不足。

表 1 - 1　不同粮食干燥技术的特点对比

干燥技术	优点	缺点
热风干燥	技术、设备成熟,操作简单,可大批量生产,干燥能力强	干燥效率低,自动化程度不高,环保性差,干燥品质均匀性不高,能量利用率不够高
真空冷冻干燥	营养素及色香味保留完整,与鲜果差别不大	专用设备价格高昂,干燥过程能耗大,干燥成本高

续表

干燥技术	优点	缺点
太阳能干燥	操作简单,干燥成本低	受天气影响大,需要辅助热源
红外干燥	设备简单,干燥时间短,干燥速率大	波长短,穿透物料的能力有限
微波干燥	技术比较成熟,能量利用率较高,干燥速率大,绿色环保,生产自动化程度高	加热不均匀,温度变化大,微波易泄漏,需要有安全保障措施

目前,热风干燥的技术和设备最成熟,烘干机处理物料的能力最强,成为水稻、玉米等主粮作物的主要干燥技术。实践证明,热风干燥高粱是可行的。热风干燥高粱虽然可行,但是存在较多不足:其干燥速率小,干燥效率不够高;我国东北地区绝大多数热风烘干机由燃煤热风炉提供热源,排放的尾气存在较多污染物,不利于实现碳达峰、碳中和目标;干燥过程中需要能量转换,能量利用率不够高;由外向内加热逐步干燥导致物料干燥品质不够好,不利于保证酿酒高粱的品质;无法起到杀虫、灭菌作用,不利于高粱储藏过程中抵抗虫害,进而会影响储藏品质。

微波干燥的技术和设备比较成熟,尤其是隧道式微波干燥机处理物料的能力较好,因此微波干燥在粮食干燥、化工、冶金、食品加工、农产品干燥、保鲜及包装、杀虫、灭菌等领域已得到广泛的应用。微波干燥是一种节能、高效、绿色的干燥技术;具有杀虫、灭菌作用,使得物料储藏时可以抗虫、抑菌;内外同时吸热干燥,干燥效率更高,物料干燥品质的均匀性更好。我国高粱种植面积和总收获量远小于水稻、玉米等主粮作物,隧道式微波干燥机的干燥能力能够满足高粱的干燥需求,而热风干燥更适于对收获量巨大的主粮进行干燥。

综上所述,在采用合理的微波干燥设备、微波干燥工艺参数的条件下,微波干燥技术对于高粱的高质量干燥、高质量储藏有重要意义,且微波干燥符合新时代的绿色干燥要求,值得被研究与推广应用。

目前,微波干燥技术在高粱收获后干燥方面的应用研究少见公开报道。我国北方寒区(严寒和寒冷地区)种植的高粱以粳高粱为主,主要用于酿酒、制乙醇及饲料。本书采用微波干燥技术,在微波干燥试验台上对粳高粱进行微波干燥试验研究,探寻微波干燥高粱的本质、机理和相关品性指标的变化规律,优化后得到合理的微波干燥工艺,力求为微波干燥高粱的产业化应用提供必要的理论、数据支撑。

1.2　研究现状

1.2.1　微波干燥特性及工艺优化研究现状

在微波干燥特性研究方面,Zielinska 等人研究了微波真空预处理对蔓越莓混合渗透过程中干燥特性的影响,结果表明:微波真空预处理可加快蔓越莓渗透脱水过程中的传质速度;功率为 500 W 和 800 W 时的预处理可显著提高物料渗透脱水时的水分扩散率,干燥过程主要处于恒速干燥阶段。Ambros 等人研究了微波输入功率等对乳酸菌干燥过程的影响,结果表明:微波输入功率是影响最显著的参数;在高输入功率下,干燥主要发生在速率下降阶段,而非传统干燥中的恒速阶段。Silva 等人为了确定不同初始水分含量的高粱在干燥过程中的有效水分扩散率和活化能变化,在多孔托盘上进行热风干燥试验,结果表明:在相同的干燥温度下,初始水分含量较高的高粱籽粒的有效水分扩散率较大,活化能较高。Xu 等人采用隧道微波干燥和爆炸膨化干燥相结合的方法对胡萝卜片进行加工,结果表明:较低的输送速度(0.65 cm/s)可以在一定程度上提高干燥的均匀性。Shen 等人研究了微波干燥条件下发芽糙米的干燥特性,结果表明:提高微波强度可加快干燥过程;发芽糙米的微波干燥过程以降速干燥为主;颗粒层内部温度分布的均匀性随着干燥过程的进行而呈下降趋势。Silva 等人通过试验研究了糙米的微波干燥过程,结果表明:微波功率、颗粒内部温度都会影响干燥过程;微波功率越大,糙米的水分去除率和温度上升率就越大,干燥时间就越短。Wang 等人研究了微波能量在干燥腔内的传播以及相关参数对发芽糙米料层能耗的影响,结果表明:随着料层厚度的增大,波导口微波散射的传输损耗减小;连续的物料运动和通风过程可提高微波能量利用效率。芈韶雷对山核桃进行微波干燥试验,结果表明:失水速率随微波功率的增大而增大;干燥全过程分为升速和降速两个干燥阶段,无明显的恒速阶段,失水过程主要发生在升速阶段。李静等人研究了排湿压力对微波干燥苹果粒过程的影响,结果表明:苹果粒的定温干燥过程分为加速、缓慢降速和降速三个阶段,不同于恒功率干燥过程;排湿压力与干燥速率峰值之间有直接的关系。于洁对活性米进行微波干燥试验研究,明确了微波强度、干燥时间、风速及缓苏比对干燥特性的影响,结果表明:四个因素对活性米最终含水率的影响程度由大到小依次为微波强度、缓苏比、风速、干燥时间;干燥过程可分为预干燥、恒速干燥及降速干燥三个阶段,失水过程绝大部分处于时间较长的恒速干燥阶段。王红提探明了疏解棉秆的微波干燥特性:其微波干燥过程分为升速干燥和降速干燥两个阶段,其中降速干燥阶段持续时间较长;整个干燥过程无明显的恒速干燥阶段。惠菊研究了排湿风速对胡萝卜颗粒微波干燥特性的影响,结果表明:排湿风速对干燥过程中的湿度和干燥速率都有直接影响;稳定风速干燥时,风速越大,干燥速率越大。易丽对番木瓜片进行微波干燥以及热风微波耦合干燥试验研究,结果表明:其干燥过程均由升速干燥和降速干燥阶段组成,以降速干燥阶段为主,几乎没有恒速干燥阶段。唐小闲对马蹄湿淀粉进行微波间歇干燥特性研究,结果表明:干燥过程呈现明显的升速、恒速和降速干燥三个阶段,微波功率越大、加热时间越长,干燥速率越大,含水率下降越快,干燥耗时越短。庞维建对玉米进行微波循环连续干燥试验研究,结果表明:玉米干燥速率、温度与微波强度正相关;微波强度超过 $3.75\ \mathrm{W/g}$,玉米温度上升缓慢;随着单循环干燥时间的增加,玉米干燥速率先减小后增大,玉米温度先升高后降低。付文杰对胡萝卜进行微波间歇干燥试验研究,结果表明:物料旋转使样品上的电场分布均匀性得到提高,样品温度分布更均匀;间歇时间越短,样品温度越高,干燥速率越大,单位能耗越小;物料温度表现为前期迅速升高,中期稳定,后期升高。赵红霞等人分别用转盘式微波炉和微波对流耦合干燥机干燥杏脯,分析微波功率、微波发射方式、切分程度等对杏脯干燥特性的影响,结果表明:与热风干燥相比,微波干燥显著缩短干燥时间;脉冲比越大、干燥功率越大或物料尺寸越大,干燥时间越短。

在干燥工艺优化研究方面,张黎骅等人采用响应面法得到银杏果微波间歇干燥的最佳工艺参数:微波功率为 $4.5\ \mathrm{W/g}$、加热时间为 $6.5\ \mathrm{s}$、间歇时间为 $80\ \mathrm{s}$。在此条件下,干燥速率为 $0.157\ \mathrm{kg/(h \cdot kg)}$,平均干燥能耗为 $65.54\ \mathrm{kJ/g}$。郑先哲等人以干燥功率、干燥时间、风速及缓苏比为试验因素,以含水率、爆腰率、γ - 氨基丁酸含量等为评价指标,采用 Box - Behnken 中心组合试验方法,获得活性米微波干燥优化工艺参数组合:干燥功率为 $3\ \mathrm{W/g}$、干燥时间为 4 min、风速为 2 m/s、缓苏比为 1∶4。此时,微波干燥活性米含水率为 14.35%,爆腰率为 43%,γ-氨基丁酸含量为 16.10 mg/100 g。张志勇等人以不超过香菇微波干燥"热失控"温度为参考,提出分段变功率香菇微波干燥方案:前期微波强度为 2.4 W/g,后期微波强度为 0.8 W/g,缓苏 5 min,干燥均匀性最佳且干燥效率最高。王磊采用响应曲面设计对浆果连续式微波干燥工艺参数进行优化,得到较优干燥工艺参数组合:微波强度为 4 W/g、微波功率为 17 kW、风速为 1.3 m/s。此时,干燥含水率为 13.1%,温度为 89 ℃,温度均匀性为 0.17,能量效率为 67.5%。吴慧栋对大豆进行微波干燥试验并优化干燥工艺参数,结果表明:大豆在单次干燥 35 min 后缓苏 50 min,缓苏 3 次时干燥效率最高;单次干燥 15 min 后缓苏 30 min,缓苏 2 次时爆腰率最小。邹佳池通过响应面设计和隶属度函数综合分析、优化粳稻热风-微波耦合干燥工艺,结果表明:微波功率为 1.2 W/g、微波时间为 1.5 min、热风温度为 50 ℃时,爆腰增率为 3.33%,整精米率为 77.4%,发芽率为 55.5%,平均干燥速率为 8%/h。凌方庆采用正交试验优化稻谷微波真空干燥工艺,结果表明:有利于提高稻谷米粒完整率的最佳干燥条件为微波功率 500 W、真空度 0.02 MPa、铺料厚度 0.015 m;有利于降低稻谷裂纹率的最佳干燥条件为微波功率 500 W、真空度 0.06 MPa、铺料厚度 0.027 m。Aghilinategh 等人采用响应面法优化苹果片间歇微波对流空气干燥工艺,结果表明:在风速为 1.78 m/s、温度为 40 ℃、脉冲比为 4.48 和微波功率为 600 W 的条件下,可获得最大期望值 0.792。Nanvakenari 等人采用响应面法优化微波辅助流化床干燥大米的工艺,结果表明:当温度为 72 ℃、空气流速为 4.2 m/s、微波功率为 652 W 时,整精米率的最大值为 76.8%,干燥时间、能耗的最小值分别为 158 s 和 0.164 kW·h。

　　综上所述,国内外研究者针对多种农产品物料进行了微波干燥特性及工艺优化研究,可以得出:①干燥特性研究主要集中在含水率、干燥速率、物料温度变化、干燥过程阶段划分等方面,这些对本书的研究有指导意义;②在微波干燥过程中,物料类型不同、干燥条件不同,干燥特性指标变化会有较大差异;③干燥工艺优化研究多采用正交试验、多因素组合试验、响应面法等,得到的最佳干燥工艺参数组合对本书的研究有借鉴意义;④存在的主要问题是对粳高粱含水率、物料温度、干燥速率在微波干燥过程中的变化规律以及微波干燥工艺参数的优化等尚未有明确阐述。本书将针对粳高粱的微波干燥特性及工艺优化进行试验研究。

1.2.2 微波干燥动力学研究现状

  Resende 等人采用固定床干燥器对高粱颗粒进行热风干燥试验,并进行干燥动力学分析,评估有效扩散系数变化,结果表明:有效扩散系数随着干燥温度的升高和空气流速的增大而增大。该试验条件下 Page 模型是适合高粱干燥的模型。Yu 等人选择了十二个数学模型来描述和比较微波耦合热风干燥山楂片的动力学特性,通过比较相关系数、卡方和均方根误差,确定 Weibull 模型的拟合效果最佳,可以最好地预测试验值。Kim 等人通过建立薄层干燥方程评估高粱的热风干燥动力学特性,在不同的干燥温度和相对湿度下进行干燥试验,用 Lewis 模型、简化的扩散模型、Page 模型和 Thompson 模型对试验数据进行拟合,结果表明:简化的扩散模型是最佳拟合模型。Huang 等人对油茶种子的微波间歇干燥动力学特性进行试验研究,采用十个干燥模型来拟合数据,用非线性回归程序进行统计分析,将预测值与试验值进行比较,结果表明:Midilli 模型和 Kucuk 模型是最适合的模型。Handayani 等人为了分析自然晾晒和微波干燥辣椒的动力学特性,将两种干燥技术的试验数据与几种薄层模型进行拟合,结果表明:自然晾晒的最佳拟合模型为 Logarithmic 模型;微波干燥的最佳拟合模型是 Verma 模型。王昊鹏等人分析了喂花量、籽棉初始干基含水率和热风温度等因素对籽棉烘干后干基含水率的影响,分别用单项式扩散模型、Page 模型和二次多项式模型进行拟合,发现单项式扩散模型的拟合效果最好。褚莉婷以槟榔芋为原料,采用五种典型模型拟合香芋片热风与真空微波联合干燥特性,结果表明:香芋片的热风干燥过程可用 Midilli 模型描述;单独真空微波干燥过程可用 Page 模型描述;热风与真空微波联合干燥过程后期可用 Midilli 模型描述。宋瑞凯等人采用自制微波热风耦合干燥系统对马铃薯丁进行干燥试验,建立了马铃薯丁微波干燥动力学模型,发现 Page 模型适合描述马铃薯丁的干燥过程。刘传菊等人用微波干燥箱对红薯进行微波干燥试验,选取八种动力学模型对干燥曲线进行拟合,结果表明:改良的 Henderson and Pabis 模型能够较好地拟合红薯的微波干燥过程。宋树杰等人用可调微波干燥机干燥紫薯片,选用六个模型对试验数据进行拟合,发现改良的 Page 模型的拟合度最高,可有效描述紫薯片微波干燥过程中水分随时间的变化。田华研究了生姜的微波薄层干燥过程,并构建了动力学模型,对六种常用薄层干燥动力学数学模型进行拟合,发现 Page

模型最适合描述生姜的微波薄层干燥过程。程丽君等人对蓝莓进行微波干燥试验,采用单项式扩散模型、指数模型和 Page 模型等进行动力学分析,发现最佳拟合模型为 Page 模型。孙辉等人通过 MATLAB 软件分析微波干燥条件影响锥栗脆球脱水规律的薄层干燥动力学模型,发现 Page 模型适合描述锥栗脆球微波干燥动力学规律,且试验值与预测值的线性拟合度较高。付文欠等人对新疆传统汤饭中的面片进行微波干燥试验,选取 Page 模型、Henderson and Pabis 模型、Lewis 模型、Wang 模型等动力学模型进行拟合分析,发现 Page 模型能较好地反映面片微波干燥规律。沈素晴等选取 Newton 模型、Page 模型和 Henderson and Pebis 模型进行青香蕉微波干燥动力学分析,发现 Page 模型可描述不同微波功率密度下青香蕉微波干燥过程中任意时刻水分比与时间的关系,该模型能准确地描述青香蕉微波干燥过程。商涛等人对黄芩片进行微波热风联合干燥试验,选取 Two－term 模型、Logarithmic 模型和 Page 模型进行动力学分析,发现 Two－term 模型可以很好地描述黄芩的微波热风联合干燥过程。

综上所述,国内外研究者对多种农产品微波干燥或微波与其他方式联合干燥过程中的动力学问题进行了研究,可以得出:①对于不同的微波干燥条件、不同的农产品物料,适合描述其水分变化的动力学模型不同;②在典型的动力学模型中,Page 模型是适合物料类型最多的一种动力学模型;③存在的主要问题是针对粳高粱的微波干燥动力学分析、模型建立及验证等尚未有明确阐述。本书将建立粳高粱微波干燥过程中水分变化的动力学模型方程并通过试验验证其合理性。

1.2.3　微波干燥传热传质建模研究现状

多数粮食籽粒的主要成分是淀粉,呈现多孔介质微观结构特性,高粱也属于多孔介质物料。在干燥过程中,多孔介质物料内部湿分迁移涉及多个过程,包括液相流动、毛细流动、蒸汽流动、液相扩散、蒸汽扩散等。多孔介质物料的传热传质过程是相当复杂的综合过程,对粮食物料干燥过程中传热传质建模的研究一直是干燥机理研究的重要内容。

Kumar 等人用三维多相多孔介质耦合麦克斯韦方程,建立了间歇微波对流干燥数学模型并进行验证,结果表明:该模型的预测值与试验值吻合得较好,可用于找到微波功率和间歇参数的最佳值。Onwude 等人考虑到温度和物料收缩相关的扩散率,建立了红外和热风联合干燥甘薯过程的数值模型,模拟了传热传质过程,并进行试验数据评估,发现该模型能够充分描述甘薯在干燥过程中的水分含量和温度分布。Li 等人建立了由电磁、传热和多相多孔介质耦合的模型来研究煤的微波加热,结果表明:煤对微波的吸收引起空腔内电磁场的再分配,形成高能区和低能区;物料温度的上升具有"快—慢—快"的变化特点。Pham 等人建立了与质量降解动力学相结合的间歇微波对流干燥模型,结果表明:该模型的模拟结果与试验结果有较好的一致性;该模型对水分、温度分布预测有一定的准确性。Shen 等人针对发芽糙米在连续微波干燥条件下建立了包含微波场传输、传热和水分传递的多物理场耦合三维模型,通过计算机模拟软件和自主开发的程序代码实现对移动物料连续微波干燥的模拟。Zhao 等人基于玻璃化转变理论建立了稻米的三维体拟合数学模型,结果表明:谷粒温度和水分含量的变化导致玻璃化转变行为;在初始加热和最终冷却阶段,稻米温度主导玻璃化转变,而水分含量在主要干燥阶段起到更重要的作用。Khan 等人考虑干燥物料时周围空气流速的空间分布,将传热传质模型与 CFD 模型相结合进行模拟分析,并验证试验结果,发现流体流动与间歇微波对流干燥模型的集成显著影响干燥动力学特性。Perazzini 等人对基于传热传质耦合的高粱籽粒干燥过程进行数学建模,建立了瞬态宏观能量方程和微分形式的扩散方程,并于固定床干燥器中在 40～75 ℃ 的温度下进行测试,发现模型预测值与试验值之间有良好的相关性。王中明根据傅里叶传热理论及扩散理论建立了微波干燥圆柱体胡萝卜物料的柱坐标传热传质方程(进行了有限单元的离散化),仿真分析了相同半径或相同厚度的物料内部各节点温度和湿度的变化规律。孙帅基于能量、质量平衡方程及菲克第二定律,仅考虑热传导和热对流,分别建立了柱状胡萝卜样品、球状豌豆样品热风微波耦合干燥条件下的传热传质模型,验证结果表明:该模型得到的样品内部温度及含水量分布的预测值与试验值吻合程度良好。蒋仕飞以豌豆、胡萝卜和土豆等物料为研究对象,建立了球形物料的传热传质方程,在 MATLAB 环境中用有限差分法模拟微波干燥中三种样品内部水分和温度的变化,验证结果表明所建立的模型是可行的。孙井坤根据质量、能量守恒定律,分别建立活性稻米微波干燥过程中干燥室内空气和输送带上物料层的传热传质微分方程,描述了多层微波干燥机内的物料层传热传质过程,发现这些热质传递过程取决于物料的特性和干燥室尺寸。高敏考虑稻谷物性参数间的相互耦合关系,用仿真软件建立了稻谷籽粒三维数学模型,对稻谷籽粒热风干燥进行模拟计算和试验验证,发现三维干燥模型能够较好地反映稻谷籽粒热风干燥过程中的内部热质传递现象。吴中华等人针对稻谷热风干燥过程中的爆腰现象构建了稻谷籽粒的三维适体数学模型,通过模拟求解和模型验证发现该模型具有较高的精度,干基含水率的模拟数据与试验数据的最大误差低于 8%。慕松等人采用量纲分析方法推导出微波干燥枸杞过程中水分变化的相似准则和函数关系,建立了枸杞微波干燥过程料层水分相似型经验公式,通过试验验证得出模型预测值与实测值的最大相对误差为 4.9%,最小相对误差为 0.7%。王康考虑玉米籽粒内微元体体积的热质平衡,建立了微波干燥玉米籽粒的传热传质方程和单个玉米籽粒的三维模型,并结合应力平衡方程、质量及能量平衡方程模拟不同干燥条件下玉米籽粒温度和水分的变化,验证了模型的有效性。李武强针对当归切片的微波真空干燥建立了传热传质方程(传热方程主要考虑当归吸收微波产生的能量、热扩散和水分蒸发,传质方程主要考虑物料内部液相和气相平衡),并对方程进行数值模拟,发现其水分变化规律基本符合干燥试验过程中当归切片水分比的变化趋势。陈若龙等人建立了电磁场、温度场及速度场的多物理场耦合模型,仿真了薄层多孔介质微波干燥过程中温度梯度与含水率变化的关系,以黄豆作为物料进行微波干燥试验,发现在微波干燥过程中,黄豆的温度梯度与干燥程度存在固定关系。

综上所述,多孔介质物料干燥过程中的传热传质过程是复杂的多因素影响过程,热量和水分的传递机理难以用单一的干燥理论阐释清楚,因此热质传递建模要综合考虑各种因素,要具有针对性。

国内外研究者从不同角度研究了众多物料微波干燥的热质传递建模问题,可以得出:①一些研究者通过设定合理的模型假设或考虑不同的干燥条件和物料形状来建模;②一些研究者对干燥腔、物料层、籽粒等进行从宏观大尺度到小尺度的建模研究;③一些研究者对物料进行多物理场耦合建模或采用经典干燥数学模型进行耦合研究;④研究者们对单个物料或单籽粒的干燥建模研究较多;⑤存在的主要问题是针对球形籽粒在球坐标系下的建模还有待完善,针对粳高粱籽粒的球坐标建模尚未有明确论述。本书将在球坐标系下推导出单个粳高粱籽粒的传热传质模型方程。

1.2.4　微波干燥物料品质研究现状

有研究人员分析了在不同空气条件下干燥甜高粱种子的生理品质变化,发现干燥空气温度的升高会影响甜高粱种子的生理品质,使其发芽能力、出苗能力和活力值降低,合适的干燥空气温度应低于 55 ℃。Odunmbak 等人采用响应面法研究了浸泡时间、干燥温度和干燥时间对高粱淀粉化学性质(主要指标包括直链淀粉、水分、蛋白质、灰分含量等)的影响,结果表明:大多数参数主要受浸泡时间和干燥时间的影响;随着浸泡时间的延长,高粱的水分、蛋白质和灰分含量显著增加。Lachowicz 等人采用冷冻、对流、微波真空和联合干燥方法干燥浆果,发现合理的干燥方法和参数能显著提高物料质量。Wang 等人采用不同的干燥方法对香菇进行干燥,结果表明:与热风干燥和红外干燥相比,间歇微波与热风联合干燥时,香菇中多糖的保留率最高;热风干燥香菇的复水率最高。Paliwal 等人在 40 ℃、60 ℃ 和 80 ℃ 下采用热风循环干燥与热风间歇干燥方法对高粱种子进行干燥,分析种子发芽率的变化,结果表明:在较低温度(40 ℃)下,两种干燥方法对高粱种子发芽率的影响不显著,在较高温度(60 ℃ 和 80 ℃)下,热风间歇干燥高粱种子的发芽率更高;热风温度高于 60 ℃ 时,种子的发芽率显著下降。Charmongkolpradit 等人用隧道式微波干燥机研究了干燥温度对紫糯玉米籽粒总花青素含量的影响,结果表明:干燥速率随着温度的升高而增大;总花青素含量受干燥温度和水分含量的影响较大,65 ℃ 时总花青素含量最高。Almaiman 等人研究了微波加热对高粱籽粒真菌生长、蛋白质含量、总酚含量等的影响,结果表明:在 350 W 和 500 W 的干燥功率下,籽粒中真菌的发生率分别降低了 26.2 个百分点和 33.4 个百分点,粗蛋白含量无显著变化;在 350 W 和 500 W 下微波热处理 45 s 后,总酚含量显著增加,分别达到 47.1 mgGAE/g 和 50.8 mgGAE/g。Huang 等人证明了预热与微波干燥联合工艺会增加糙米的抗性淀粉含量、总膳食纤维含量、鲜味和黏性,降低糙米的硬度。Wang 等人比较了超声波和微波对普通玉米淀粉与马铃薯淀粉理化性质的影响,结果表明:微波使淀粉颗粒内的分子振动并产生热量,从而破坏淀粉的结构;与超声处理淀粉相比,微波处理淀粉中受损淀粉的含量显著降低,而且微波处理会促进直链淀粉与脂质复合物的形成。梁礼燕通过薄层微波干燥稻谷试验发现:功率越大,爆腰率越大,发芽率和整精米率越小;间歇比越大,爆腰率越大,出糙率越大,发芽率和整精米率越小;相对于微波连续干燥,间歇干燥明显提高了稻谷干燥品质。王素雅等人研究了热风干燥与微波干燥条件下三种稻谷的爆腰率、发芽率等品质指标变化,结果表明:微波干燥更易造成稻谷特别是籼稻爆腰并降低发芽率;干燥影响粳稻与糯稻的食味;微波干燥会降低部分籼稻的生命力。徐凤英等人研究了经热风、微波干燥后,稻谷蛋白质、直链淀粉含量与发芽品质的变化,结果表明:经热风、微波干燥后,稻谷蛋白质、淀粉含量的变化不显著;鲜稻谷的发芽率显著低于干燥后稻谷的发芽率。于洁分析了微波强度、每循环干燥时间、风速及缓苏比对活性米爆腰率、γ-氨基丁酸含量等的影响,发现活性米爆腰率、γ-氨基丁酸含量受每循环干燥时间影响最大,受风速影响较小,增大缓苏比可显著降低爆腰率。沈柳杨研究了不同微波强度对发芽糙米干后裂纹的影响,发现微波强度对干后米粒的裂纹率有显著影响,考虑干燥效率和干后米粒形成 3 ~ 4 条裂纹,微波强度为 3 ~ 4 W/g 适合发芽糙米微波干燥。马文睿通过傅里叶变换红外光谱研究微波加热后马铃薯淀粉化学基团及骨架振动强度的变化,结果表明:与原淀粉相比,微波加热淀粉的红外光谱没有新吸收峰出现,但各吸收峰强度显著增强;微波热效应是使吸收峰强度改变的主要因素。陈秉彦研究了微波加热对鲜莲中淀粉各组分含量的影响,结果表明:微波熟化后,鲜莲的总淀粉含量、直链淀粉含量、可溶性直链淀粉含量有所下降;淀粉颗粒在糊化过程中与其他大分子物质发生了相互黏结现象。唐小闲研究了微波干燥马蹄淀粉的品质变化,结果表明:在 65 ~ 90 ℃时其溶解度与膨胀度均随温度的升高而增大;微波干燥马蹄淀粉的品质比热风干燥淀粉更好。刘佳男等人用微波对白高粱进行预熟化处理,分析其对淀粉特性的影响,结果表明:微波处理后的白高粱淀粉颗粒发生膨胀,淀粉中抗性淀粉含量、相对结晶度、相变温度范围和相变吸热焓均减小;天然、微波处理白高粱淀粉的红外光谱具有相同的特征;微波处理有利于白高粱淀粉糊化,但不影响其化学组成。张晓红等人采用不同微波功率和时间处理包装大米,分析处理后大米 RVA 谱特征值的变化,结果表明:微波处理降低了蒸煮大米 RVA 谱峰值黏度、谷值黏度、最终黏度和淀粉回生值;糊化温度和衰减值均随微波功率、处理时间的增加而增大。迟治平等人采用微波改性技术处理高粱淀粉,分析淀粉结构和理化指标变化,结果表明:经微波处理后,淀粉分子呈现不规则、较大的微观结构,淀粉化学官能团未改变,属于物理改性。姜倩倩等人研究了马铃薯、玉米和绿豆淀粉的性质在微波辐射下的差异性,结果表明:与普通加热相比,微波加热的马铃薯、玉米和绿豆淀粉凝胶的起始温度、峰值温度、终值温度没有出现明显差异,但凝胶的焓变值明显较小。葛云飞等人研究了高粱自然发酵过程中淀粉颗粒表面形态、官能团、分子质量、老化性质等的变化,结果表明:自然发酵后高粱淀粉颗粒表面有一定的侵蚀痕迹;发酵处理未生成新的化学基团;发酵后淀粉的平均分子质量减小,淀粉的峰值黏度及回生值增大,糊化温度及热焓值升高。袁璐等人研究了不同微波处理条件对大米直链淀粉含量以及淀粉颗粒形貌、结晶特性和热特性等的影响,结果表明:微波处理对直链淀粉含量没有显著影响,但会破坏淀粉的颗粒形貌;不改变淀粉晶型,但会降低淀粉结晶度;会使淀粉糊化温度升高,使糊化焓降低。徐亚元等人分析了不同微波功率密度对青香蕉微波干燥过程中淀粉糊化焓的影响,结果表明:经不同功率密度的微波干燥后,青香蕉淀粉的糊化焓值均呈现出显著下降的趋势,且功率密度越大,其淀粉糊化焓值越低。王宸之等人分析了热风干燥和微波干燥对龙眼品质的影响,发现相较于热风干燥,微波干燥效率高,干后成品的感官评价更高,果肉中多酚氧化酶的活性更低,更利于龙眼的储藏。刘伟东等人采用微波热风联合干燥工艺和传统热风干燥工艺分别加工枸杞,结果表明:两种工艺的多糖、总糖损失率差异显著,联合干燥工艺较传统工艺分别降低了 15.44 个百分点和 11.06 个百分点。杨玲等人运用高通量测序技术研究了高粱单宁含量对高粱酒醅中细菌种群的影响,发现单宁含量直接影响整个酿造过程中的细菌种群,并进一步影响高粱发酵的走向,最终影响白酒酿造的品质。郑先哲等人构建了微波干燥浆果时温度、含水率和花青素保留率关系模型,得到花青素降解临界温度,结果表明:预测临界温度可保证高花青素保留率;与无控温系统相比,在微波强度为 6 W/g、风速为 1.0 m/s 时,控温系统可使花青素保留率由 32.48% 提至 68.21%。

综上所述,干燥品质研究是微波干燥研究的重要内容,国内外研究者都给予了高度重视,可以得出:①相较于连续式微波干燥,间歇式微波干燥更有利于保证物料的品质;②相较于高温微波干燥,中低温微波干燥更能保证物料的品质;③微波处理使白高粱淀粉中抗性淀粉含量、相变温度范围和相变吸热焓均减小,官能团无变化,微波处理对大米淀粉的 RVA 谱特征值产生较大的影响;④存在的主要问题是关于微波干燥对粳高粱淀粉、蛋白质、单宁含量等主要品质指标是否产生影响及影响程度如何尚未有明确阐述。本书将采用微波间歇干燥方式,采用中低水平的干燥工艺参数对粳高粱进行干燥,干燥后高粱的品质指标研究将重点考虑单宁含量、总蛋白含量、淀粉含量、淀粉形貌、淀粉官能团、淀粉相变吸热焓及淀粉 RVA 谱特征值等。

1.3　本书主要研究内容

（1）粳高粱物料特性测定与分析

本书选取龙杂 10、凤杂 42 这两个北方粳高粱品种，采用度量法测定籽粒的三轴尺寸；采用称量法测定籽粒的千粒重，观察籽粒的外观颜色；采用公式法结合文献确定热特性参数和介电特性参数；运用我国食品国标中的方法测定总蛋白、总淀粉、直链淀粉、单宁含量等品质指标。本书总结出粳高粱的基本物料特性，为后续微波干燥试验台设计、传热传质模型仿真分析及干燥品质研究提供必要的基础数据。

（2）微波干燥试验台研制

本书分析微波加热的基本原理、加热特征以及微波能吸收方程和微波干燥传热传质一般方程，给出粳高粱微波干燥的工艺要求，为试验台设计提供支持；以粳高粱微波干燥预试验数据为依据，结合本书试验方案和物料特性，确定微波干燥试验台总体结构方案；通过理论分析计算，采用经验法对干燥腔尺寸、波导尺寸、旋转托架、排湿系统、控制系统等进行设计；采用模拟仿真方法对波导排布方式和微波辐射距离进行优化设计；根据坡印亭能量方程计算波导尺寸形成的微波辐射角度；研制微波干燥试验台，为后续微波干燥试验提供平台支撑。

（3）粳高粱薄层微波干燥特性试验与动力学模型建立

在完成预试验的基础上，本书通过单因素薄层干燥试验分析单位质量干燥功率、单次微波作用时间、排湿风速及间歇比等试验因素对粳高粱含水率、干燥速率及物料温度等干燥特性的影响，从物料层（宏观大尺度）角度分析微波干燥粳高粱水分和温度变化的规律。基于单因素试验数据和经典动力学模型，本书建立粳高粱物料层微波干燥的动力学模型方程，并验证模型的可行性。

（4）粳高粱微波干燥传热传质理论模型建立

本书在对物料层（宏观大尺度）水分和温度变化规律研究的基础上，基于能量及组分守恒定律，依据傅里叶定律、菲克定律及朗伯-比尔定律，利用微元体积控制单元离散高粱籽粒，建立粳高粱微波干燥过程中单个籽粒的球坐标传热传质方程，确定方程初始条件、边界条件及方程参数；运用 MATLAB 软件对传热传质方程进行模拟仿真，获得在一定微波干燥条件下的单个高粱籽粒（宏观小尺度)内部不同位置点水分和温度变化的规律,进而从单个籽粒角度进一步阐释粳高粱微波干燥的机理。

(5)粳高粱微波干燥的主要品性指标筛选

本书以单因素薄层干燥试验获得的不同干燥条件下的样品为研究对象,运用我国食品国标中的方法测定粳高粱的单宁含量、总蛋白含量、总淀粉及直链淀粉含量,以及淀粉颗粒形貌、官能团、黏度、衰减值、回生值、相变温度、糊化焓等品质指标;以单因素薄层干燥试验过程数据为基础,分析单位能耗、平均干燥速率和终了含水率等性能指标;采用方差分析法对品质指标和性能指标数据进行显著性分析,筛选出受干燥参数影响显著的品性指标,为后续多因素干燥试验提供数据支持。

(6)粳高粱微波干燥工艺参数试验研究

本书基于单因素薄层干燥试验,结合粳高粱品性指标的筛选结果,以单位质量干燥功率、单次微波作用时间、排湿风速和间歇比作为试验因素,以筛选出的品性指标作为评价指标,采用响应曲面设计,利用微波干燥试验台对粳高粱进行响应曲面干燥试验,确定各评价指标的回归模型和因素组合对评价指标的影响规律,获得优化干燥工艺参数组合并进行验证。

(7)基于 Label – free 技术的微波干燥粳高粱蛋白质组学分析

本书针对隧道式微波干燥机干燥的粳高粱,基于非标记定量蛋白质组学技术对在典型干燥条件下干燥的粳高粱进行蛋白质组学分析;采用 MaxQuant 中的 Label – free 算法对蛋白质组学数据进行非标记定量计算,进而对天然高粱和微波干燥高粱比较组开展质谱定量分析;用 OmicsBean 软件对目标蛋白质集合进行 KEGG 通路注释;用 OmicsBean 软件比较各 KEGG 通路在目标蛋白质集合和总体蛋白质集合中的分布情况,对目标蛋白质集合进行 KEGG 通路注释的富集分析,基于 STRING 数据库中的信息查找目标蛋白质之间的直接和间接相互作用关系,生成相互作用网络并对其进行分析。

第2章　粳高粱物料特性与微波干燥试验台研制

2.1　粳高粱物料特性测定

2.1.1　粳高粱籽粒特性

粳高粱籽粒特性主要包括籽粒颜色、千粒重、籽粒尺寸及籽粒密度等。北方粳高粱外观一般为浅黄色或深黄色，颜色比南方高粱浅。本书选取黑龙江省比较典型的龙杂系列高粱品种龙杂10和吉林省高粱品种凤杂42作为籽粒特性测定的对象。

2.1.1.1　千粒重

千粒重表示以g为单位的1000粒种子的质量，是体现种子大小与饱满程度的一项指标。北方粳高粱千粒重较大，其颗粒较大，比较饱满。我们以选定的高粱品种为对象，除杂并筛选比较饱满的籽粒进行千粒重测试。随机选取1000个籽粒测定其质量，重复测试3次，取平均值作为相应高粱品种的千粒重。

如表2-1所示，龙杂10高粱的千粒重均值约为33.11 g，凤杂42高粱的千粒重均值约为31.19 g。凤杂42高粱的千粒重比龙杂10高粱小一些，但两种粳高粱的千粒重都较大，表明其籽粒均较大。

表 2 – 1   本书所选粳高粱的千粒重

高粱品种	测值一/g	测值二/g	测值三/g	平均值/g
龙杂 10	33.67	32.85	32.82	33.11 ± 0.241
凤杂 42	30.76	31.65	31.15	31.19 ± 0.223

2.1.1.2   籽粒三轴尺寸

本书主要采用长(L)、宽(W)、高(H)三轴坐标测定粳高粱籽粒尺寸,即得到粳高粱籽粒的三轴尺寸,通过该尺寸定义其形状及大小。图 2 – 1 为粳高粱籽粒三轴尺寸及测定。对选定的两个高粱品种的籽粒进行除杂处理,并选取饱满的籽粒作为测量对象。随机选取不同品种高粱中的若干籽粒,用游标卡尺(精度为 0.02 mm)测量所选籽粒的三轴尺寸,测量 3 次取平均值;单个籽粒的长、宽、高之和除以 3 作为籽粒的体平均尺寸。高粱籽粒属于粒径小且相对规则的几何体物料,因此可以依据其三轴尺寸,运用几何体相似法判定其基本形状。

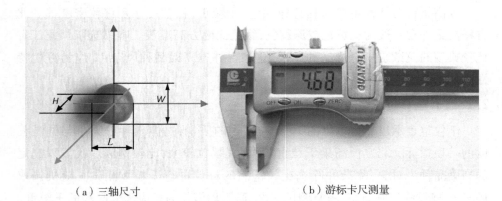

（a）三轴尺寸　　　　　　　　　　　（b）游标卡尺测量

图 2 – 1   粳高粱籽粒三轴尺寸及测定

随机选取 15 个凤杂 42 高粱籽粒测量其三轴尺寸,见表 2 – 2。由表 2 – 2 可知:该测量品种高粱长度为 4.33 ~ 4.85 mm,宽度为 4.09 ~ 4.72 mm,高度为 3.16 ~ 3.50 mm;籽粒长度与宽度比较接近,但都大于高度,籽粒的体平均尺寸为 3.95 ~ 4.25 mm。因此基本可以判定,凤杂 42 高粱籽粒总体形状为略扁的近似球体,近似球体的等效直径约为 4 mm。

随机选取 15 个龙杂 10 高粱籽粒测量其三轴尺寸,见表 2 - 3。由表 2 - 3 可知:该测量品种高粱长度为 4.50 ~ 4.85 mm,宽度为 4.41 ~ 4.83 mm,高度为 3.11 ~ 3.33 mm;籽粒长度与宽度比较接近,但都大于高度,籽粒的体平均尺寸 为 4.02 ~ 4.30 mm。可以判定,龙杂 10 高粱籽粒总体形状为略扁的近似球体, 近似球体的等效直径约为 4 mm。

表 2 - 2　凤杂 42 高粱籽粒三轴尺寸

序号	长度/mm	宽度/mm	高度/mm	体平均尺寸/mm
1	4.33 ± 0.01	4.23 ± 0.02	3.50 ± 0.02	4.02
2	4.53 ± 0.01	4.53 ± 0.01	3.27 ± 0.02	4.11
3	4.75 ± 0.02	4.72 ± 0.02	3.28 ± 0.01	4.25
4	4.85 ± 0.01	4.59 ± 0.02	3.21 ± 0.01	4.22
5	4.38 ± 0.01	4.09 ± 0.01	3.40 ± 0.01	3.96
6	4.68 ± 0.02	4.42 ± 0.02	3.21 ± 0.01	4.10
7	4.47 ± 0.02	4.38 ± 0.01	3.25 ± 0.02	4.03
8	4.41 ± 0.01	4.37 ± 0.02	3.16 ± 0.02	3.98
9	4.63 ± 0.01	4.42 ± 0.01	3.42 ± 0.01	4.16
10	4.73 ± 0.01	4.56 ± 0.02	3.25 ± 0.02	4.18
11	4.45 ± 0.02	4.11 ± 0.01	3.28 ± 0.01	3.95
12	4.55 ± 0.01	4.35 ± 0.02	3.34 ± 0.02	4.08
13	4.55 ± 0.02	4.32 ± 0.01	3.24 ± 0.02	4.04
14	4.63 ± 0.01	4.52 ± 0.02	3.36 ± 0.01	4.17
15	4.65 ± 0.02	4.63 ± 0.02	3.19 ± 0.01	4.16

表 2 - 3　龙杂 10 高粱籽粒三轴尺寸

序号	长度/mm	宽度/mm	高度/mm	体平均尺寸/mm
1	4.67 ± 0.02	4.50 ± 0.01	3.11 ± 0.01	4.09
2	4.74 ± 0.01	4.68 ± 0.02	3.24 ± 0.02	4.22
3	4.76 ± 0.02	4.73 ± 0.02	3.22 ± 0.02	4.24

续表

序号	长度/mm	宽度/mm	高度/mm	体平均尺寸/mm
4	4.84 ± 0.01	4.83 ± 0.01	3.24 ± 0.01	4.30
5	4.78 ± 0.01	4.64 ± 0.02	3.17 ± 0.01	4.20
6	4.82 ± 0.02	4.73 ± 0.02	3.33 ± 0.02	4.29
7	4.77 ± 0.02	4.72 ± 0.01	3.25 ± 0.01	4.25
8	4.81 ± 0.01	4.78 ± 0.02	3.18 ± 0.02	4.25
9	4.84 ± 0.01	4.80 ± 0.02	3.14 ± 0.02	4.26
10	4.74 ± 0.02	4.72 ± 0.01	3.12 ± 0.01	4.19
11	4.85 ± 0.02	4.82 ± 0.01	3.15 ± 0.01	4.27
12	4.53 ± 0.02	4.42 ± 0.01	3.24 ± 0.01	4.06
13	4.52 ± 0.01	4.41 ± 0.02	3.14 ± 0.02	4.02
14	4.50 ± 0.01	4.42 ± 0.02	3.23 ± 0.01	4.05
15	4.76 ± 0.02	4.72 ± 0.01	3.31 ± 0.02	4.26

2.1.2　物料热特性参数

物料干燥过程是复杂的传热传质过程,物料的热特性参数对于其干燥过程中的传热过程有很大的影响,因此下面对粳高粱物料的比热容、有效热导率等热特性参数进行分析和确定,从而为后续干燥机理研究提供数据支撑。

2.1.2.1　比热容

比热容是指单位质量物质升高(或降低)单位温度(此处为 1 ℃)所吸收(或放出)的热量,可用式(2 - 1)表示:

$$C_p = \frac{Q}{m \cdot \Delta T} \qquad (2-1)$$

式中:C_p——定压比热容,kJ/(kg·℃);

$\quad Q$——热量,kJ;

$\quad m$——物料质量,kg;

$\quad \Delta T$——温差,℃。

农产品加工时压强变化一般较小,因此其比热容常用定压比热容表示。在常压、温度为 0 ~ 200 ℃的条件下,物料定压比热容可视为常数。粳高粱微波干燥过程中物料温度不超过 90 ℃,含水率一定时定压比热容可取常数,根据参考文献[95]可得其比热容为 1.91 kJ/(kg·℃)。

2.1.2.2　有效热导率

有效热导率是傅里叶导热方程中的比例常数,反映物料的导热能力,可由式(2 - 2)得出:

$$q = -kA\frac{\mathrm{d}T}{\mathrm{d}x} \tag{2 - 2}$$

式中:q ——热流量,W;

　　　k ——有效热导率,W/(m·K);

　　　A ——垂直热流方向的面积,m²;

　　　$\dfrac{\mathrm{d}T}{\mathrm{d}x}$ ——x 轴方向的温度梯度,K/m。

依据参考文献[96]可得,高粱含水率为 20% 左右时,其有效热导率约为 0.153 W/(m·K)。

2.1.3　物料介电特性参数

物料的介电特性参数主要包括相对介电常数、介电损耗因子和损耗角正切,是微波介电加热过程中的重要参数。依据参考文献[97]可知,物料相对介电常数 ε' 和介电损耗因子 ε'' 都随着频率的增大呈单调减小趋势;低频段相对介电常数减小得较快,高频段减小得较慢,逐渐趋于稳定,频率大于 10^5 Hz 后,曲线基本趋于水平。本书采用的相对介电常数、介电损耗因子依据参考文献[97]提到的频率为 1 MHz 时的相对介电常数和介电损耗因子模型公式[式(2 - 3)、式(2 - 4)]计算,损耗角正切由式(2 - 5)计算:

$$\varepsilon' = 11.3 - 1.42W - 0.125T - 0.0144WT + 0.08471W^2 - 7.48 \times 10^{-4}T^2 +$$
$$4.56 \times 10^{-4}W^2T + 5.29 \times 10^{-5}WT^2 - 1.56 \times 10^{-3}W^3 - 3.69 \times 10^{-7}T^3$$
$$\tag{2 - 3}$$

$$\varepsilon'' = -1.68 + 0.414W + 0.066T - 0.011WT - 0.0311W^2 - 3.46 \times 10^{-4}T^2 +$$
$$3.81 \times 10^{-4}W^2T + 3.7 \times 10^{-5}WT^2 + 7.41 \times 10^{-4}W^3 - 4.9 \times 10^{-7}T^3$$
$$\tag{2 - 4}$$

$$\tan\delta = \frac{\varepsilon''}{\varepsilon'} \tag{2 - 5}$$

式中:W——物料含水率,%;

$\quad T$——物料温度,℃;

$\quad \varepsilon'$——相对介电常数;

$\quad \varepsilon''$——介电损耗因子;

$\quad \tan\delta$——损耗角正切。

粮食微波干燥过程一般包括前期预热、恒速干燥和降速干燥三个阶段。在干燥前期结束时,粳高粱物料的含水率较大,温度相对较高,水分吸收微波能力强,因此水分蒸发量较大,电场强度较大。预干燥试验中,在干燥前期结束时,粳高粱籽粒温度在52 ℃左右,含水率在19.75%左右,将 $W = 19.75\%$、$T = 52$ ℃代入式(2-3)和式(2-4)可得 $\varepsilon' \approx 2.32$、$\varepsilon'' \approx 0.7356$,因此损耗角正切 $\tan\delta = \dfrac{\varepsilon''}{\varepsilon'} = \dfrac{0.7356}{2.32} \approx 0.32$。

2.1.4 物料品质特性

淀粉、单宁和蛋白质是高粱的主要食品品质成分,其中淀粉所占比例最大。北方粳高粱的蛋白质含量略高于南方高粱。南方糯红高粱的总淀粉含量与北方粳高粱基本一致,其支链淀粉含量则明显高于北方粳高粱。南方高粱的淀粉溶解度与膨胀性低于北方粳高粱,其淀粉的冻融稳定性要高于北方粳高粱。本书所选粳高粱的淀粉、单宁和蛋白质含量见表2-4。

表2-4 本书所选粳高粱的主要成分含量

高粱品种	总淀粉含量/%	直链淀粉含量/%	单宁含量/%	总蛋白含量/%
龙杂10	67.60 ± 0.26	20.24 ± 0.13	1.21 ± 0.01	9.20 ± 0.11
凤杂42	61.03 ± 0.15	18.99 ± 0.08	0.91 ± 0.01	8.30 ± 0.03

2.2　微波干燥的基本原理

2.2.1　微波加热原理与加热特征

2.2.1.1　微波加热原理

微波作为一种电磁波,其波长为 1 mm ~ 1 m,频率为 300 MHz ~ 3000 GHz。在高频变化的电磁场中,微波能量与物质分子相互作用使物质分子热运动变得剧烈,进而将微波能转换为热能,来实现加热物料的目的。微波不是简单的热量形式,它是一种能量形式。偶极子转动和离子传导是介电加热的两种主要能量转换机理。在微波频率范围内,偶极子转动产生能量处于主导地位。

物质的分子可分为极性分子和非极性分子两类。如图 2 - 2 所示,在无外加电场时,非极性分子内部正、负电荷中心是重合的,而极性分子内部正、负电荷中心不重合,此情况下电介质是中性的;如果给该介质一个外加电场,则在电场力的作用下,偶极子就会沿着电场的方向排列,电介质表面感应出极性相反的电荷,使电介质产生极化现象;如果改变电场方向,则极性分子的去向会随着外加电场的改变而变换。若外加电场反复变化,则极性分子会随着电场的变化反复摆动,这样物料的分子之间会发生激烈的相互摩擦而生热,外加自身热运动产生热量,从而完成电磁能向热能的转换,也就是宏观上物料温度上升的过程。

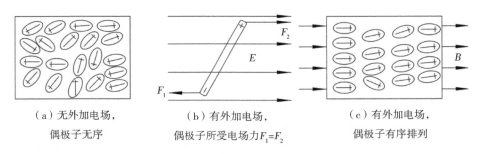

（a）无外加电场,
偶极子无序
　　　（b）有外加电场,
偶极子所受电场力$F_1 = F_2$
　　　（c）有外加电场,
偶极子有序排列

图 2 - 2　外加电场对分子中偶极子排列的影响

2.2.1.2　微波加热特征

微波加热的特定原理决定了其加热特征:加热属于选择性加热,微波干燥粮食和农产品的过程中,微波加热只作用于水分,使其以水蒸气形式排出;加热过程迅速,可及时、准确地实现微波能量的开启、关闭以及控制输出功率的大小;加热快,微波与被加热物料整体发生作用,使物料内外同时加热;物料受热较均匀,微波加热特有的"体热效应"会使物料加热比较均匀;有利于提高产品质量,微波加热时物料表面温度一般不会很高,表面过热和烧焦现象不易发生;微波对农副产品有灭菌作用,微波加热时间短,不会使农副产品的色、香、味等受到破坏;能量利用率高,微波电磁场能直接与物料耦合进行加热,金属制成的密封干燥室不吸收微波能且能反射微波,可极大地提高能量利用率;会产生一定的物化效应,微波加热可导致膨化、蛋白质变性、淀粉胶化等物理、化学现象。

2.2.2　微波能的吸收

电磁场基本理论和麦克斯韦方程[式(2-6)]是微波场研究的基本依据。

$$\begin{cases} \nabla \cdot H(r,t) = \dfrac{\partial}{\partial t}D(r,t) + J(r,t) \\[2mm] \nabla \cdot E(r,t) = -\dfrac{\partial}{\partial t}B(r,t) \\[2mm] \nabla \cdot D(r,t) = \rho(r,t) \\[2mm] \nabla \cdot B(r,t) = 0 \end{cases} \qquad (2-6)$$

式中:∇——拉普拉斯算子;

$H(r,t)$——磁场强度,A/m;

$D(r,t)$——电位移,C/m^2;

$J(r,t)$——电流密度,A/m^2;

$E(r,t)$——电场强度,V/m;

$B(r,t)$——磁通量密度,Wb/m^2;

$\rho(r,t)$——电荷密度,C/m^3。

微波干燥时,物料内外同时受到微波作用,但温度梯度和水分梯度变化都是由内向外进行的,物料内部水分吸收微波能形成内热源。因此,单位体积物料内部吸收微波能的多少成为微波干燥理论研究的重要内容。依据麦克斯韦方程和坡印亭定理推导的单位体积物料内部微波产生热量的公式如式(2-7)

所示：

$$Q = \frac{1}{2}\omega\varepsilon_0\varepsilon''(EE^*) \tag{2-7}$$

式中：ω ——角频率，r/s；

ε_0 ——真空条件下的介电常数；

ε'' ——介电损耗因子；

E ——电场强度，V/m。

2.2.3 微波干燥传热传质方程

2.2.3.1 传热方程

假定物料内部质构在微波干燥前后不发生明显改变，依据能量守恒定律可得微波干燥的一般性传热方程，如式（2-8）所示：

$$\rho C\frac{\partial T}{\partial t} = \nabla(k\nabla T) + Q_v \tag{2-8}$$

式中：ρ ——物料的密度，kg/m³；

C ——物料的比热容，J/(kg·℃)；

T ——物料温度，℃；

t ——时间，s；

k ——有效热导率，W/(m·K)；

∇ ——拉普拉斯算子；

Q_v ——物料单位体积内的汽化潜热量，W/m³。

物料内部汽化潜热量的产生过程是带电流介质中的电磁能转换成热能，从而在物料的内部产生一个加热源，通过这个加热源对物料整体进行加热，形成微波干燥的内热源。这与其他干燥方式的原理有很大的不同之处。

2.2.3.2 传质方程

微波干燥过程中的传质过程本质上就是水分迁移过程，即水分扩散过程。基于质量守恒定律，传质方程一般可以根据菲克第二定律来表达，如式（2-9）所示：

$$\frac{\partial M}{\partial t} = D\nabla^2 M \tag{2-9}$$

式中：M ——物料的湿含量，kg/kg；

t ——时间,s;

D ——物料有效扩散系数,m^2/s;

∇ ——拉普拉斯算子。

2.3　微波干燥试验台设计

大批量物料的微波干燥生产一般选用隧道式微波干燥设备进行循环式干燥。隧道式微波干燥设备实际上是将多个不封闭的箱式干燥腔体串联在一起,加上传送带等结构,实现对大批量物料的循环干燥。其单个腔体的干燥机理与箱式干燥设备的干燥机理本质上是一致的。由于本书开展的是粳高粱微波干燥的基础原理与工艺试验研究,因此我们设计的微波干燥试验台选用箱式结构。在箱式干燥试验台上获得的干燥特性与工艺参数能够对实际干燥生产起到较好的理论、工艺指导作用。

2.3.1　干燥工艺要求

根据常见谷物微波能吸收的基本规律和干燥特征,本书采用干燥与间歇过程相结合的微波干燥工艺来实现对粳高粱的干燥。采用间歇式干燥工艺可以有效利用加热阶段产生的余热,使物料吸收的能量继续得到利用,节约能源,提高设备能效;可以有效控制微波加热物料时温度的直线上升,防止物料过热,保证物料品质;可以使物料内部水分分布得更均匀,为进一步干燥创造有利条件。干燥过程中需要排湿风机将干燥腔中的湿空气及时排出腔体,腔体内壁需要开通气孔,在湿空气排出腔体的同时使腔体内形成一定的气体流动。为了保证粳高粱干燥的均匀性,物料在箱式干燥腔内干燥时需要慢速旋转,使物料层的电磁场分布更加均匀。干燥过程中需要能够监测腔体内物料的状况,干燥参数的执行需要自动完成。

依据上述工艺要求,可以总结出微波干燥试验台的总体结构要求:考虑到与实际台架试验的相似状况,干燥腔体采用箱式结构,空间要大于常规的微波炉腔体,保证可干燥较多的高粱物料;要有能在一定范围内调节风速的排湿系统;干燥腔体内部需要设计物料旋转装置,保证物料干燥的均匀性;为了防止微波泄漏,保证操作安全,需要采用带有防泄漏材料结构的腔体门;需要配置相应的可视化监控系统实时监测腔体内物料状况;需要控制系统实现干燥参数独立设置并可自动化执行干燥过程。

　　基于粳高粱微波干燥工艺要求,本书提出如图 2 - 3 所示的微波干燥试验台设计方案:微波系统接通电源后,磁控管发射微波,经波导传输到箱式微波干燥腔,对高粱物料进行加热干燥;控制系统可控制微波源的输出功率,启动旋转装置,带动物料在干燥腔内慢速转动,控制排湿系统来调节干燥腔内湿气排出的流速和腔体内流场分布;采用风冷装置对微波源和电源进行冷却,保证试验台系统稳定工作。

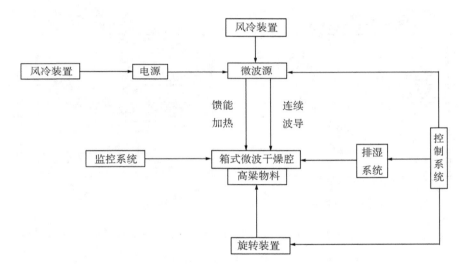

图 2 - 3　微波干燥试验台设计方案示意图

2.3.2　试验台总体结构和工作原理

　　箱式微波干燥器是利用驻波场进行工作的微波干燥器。微波经波导传入微波谐振腔内。该谐振腔一般为长方体空间,称为矩形谐振腔,当每边的长度都大于波长的二分之一时,从不同方向都有反射回来的波,因此理论上可认为谐振腔内的物料在各个方向都受热。微波能量在箱壁上的损失极小,没有被吸收的微波能量被容器壁反射回来形成多次的反射,这样能大大提高微波的能效,并且有效地减少微波的泄漏。

2.3.2.1　总体结构

如图 2 - 4 所示，微波干燥试验台主要由机械结构系统、排湿系统和控制系统等组成。该试验台干燥的物料层厚度不超过 10 mm，属于薄层干燥，对微波波长要求相对较低；单管磁控管的输出功率不超过 1 kW，磁控管体积较小，使得微波源系统的结构更加紧凑，因此选择试验台微波频率为 2450 MHz。

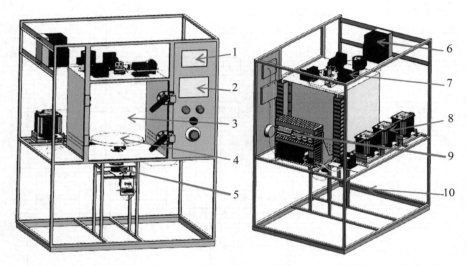

1—监控屏幕;2—控制显示屏;3—干燥腔;4—塑料托盘;5—旋转托架;6—排湿系统;
7—磁控管;8—开关电源组合;9—PLC 控制系统;10—机架组合

图 2 - 4　微波干燥试验台总体结构

2.3.2.2　工作原理

如图 2 - 4 所示，将待干燥物料置于塑料托盘 4 上，然后放入干燥腔 3 中，紧闭腔体门。在控制显示屏 2 上点击"低压开"及"转盘开"，旋转托架 5 启动，带动塑料托盘以 5 r/min 的转速转动；在控制显示屏 2 上输入风速大小，点击"排湿开"，排湿系统 6 启动，干燥腔内的湿空气被排出腔体；在控制显示屏 2 上输入干燥时间、间歇时间、微波功率等参数，点击"微波开"，磁控管 7 产生微波，启动微波干燥，按设定时间自动完成干燥过程。通过监控屏幕 1 可以随时观察干燥腔内物料的运行状况，整个试验台的运行由 PLC 控制系统 9 完成。

2.4　关键部件设计

2.4.1　干燥腔

采用开路面、短路面或者其他措施使电磁场被约束于一定范围内的装置称为微波谐振腔。微波干燥机中的干燥腔为矩形腔体结构,一般认为属于微波谐振腔,如图 2-5 所示。箱式微波干燥腔由封闭波导、适当激励以及耦合装置组成,在 $z=0$、$z=L$ 处由金属板短路,电磁波在 Z 轴方向反射时形成驻波。

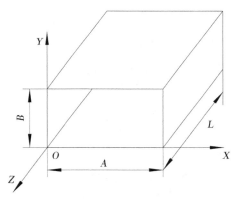

图 2-5　矩形谐振腔

2.4.1.1　矩形谐振腔的场分布

在波导中,电场的纵向分量为零而磁场的纵向分量不为零(电场与电磁波传播方向垂直)的传播模式称为横电模,即 TE 模;磁场的纵向分量为零而电场的纵向分量不为零(磁场与电磁波传播方向垂直)的传播模式称为横磁模,即 TM 模。矩形谐振腔内 TE 模的场分布满足:

$$
\begin{cases}
E_x = \dfrac{2\omega\mu_0}{k_c^2}\left(\dfrac{n\pi}{B}\right)H_0\cos\left(\dfrac{m\pi}{A}x\right)\sin\left(\dfrac{n\pi}{B}y\right)\sin\left(\dfrac{p\pi}{L}z\right) \\[2mm]
E_y = -\dfrac{2\omega\mu_0}{k_c^2}\left(\dfrac{m\pi}{A}\right)H_0\sin\left(\dfrac{m\pi}{A}x\right)\cos\left(\dfrac{n\pi}{B}y\right)\sin\left(\dfrac{p\pi}{L}z\right) \\[2mm]
E_z = 0 \\[2mm]
H_x = j\dfrac{2}{k_c^2}\left(\dfrac{m\pi}{A}\right)\left(\dfrac{p\pi}{L}\right)H_0\sin\left(\dfrac{m\pi}{A}x\right)\cos\left(\dfrac{n\pi}{B}y\right)\cos\left(\dfrac{p\pi}{L}z\right) \\[2mm]
H_y = j\dfrac{2}{k_c^2}\left(\dfrac{n\pi}{B}\right)\left(\dfrac{p\pi}{L}\right)H_0\cos\left(\dfrac{m\pi}{A}x\right)\sin\left(\dfrac{n\pi}{B}y\right)\cos\left(\dfrac{p\pi}{L}z\right) \\[2mm]
H_z = -2jH_0\cos\left(\dfrac{m\pi}{A}x\right)\cos\left(\dfrac{n\pi}{B}y\right)\sin\left(\dfrac{p\pi}{L}z\right)
\end{cases}
\tag{2-10}
$$

矩形谐振腔内 TM 模的场分布满足：

$$
\begin{cases}
H_x = j\dfrac{2\omega\varepsilon}{k_c^2}\left(\dfrac{n\pi}{B}\right)E_0\sin\left(\dfrac{m\pi}{A}x\right)\cos\left(\dfrac{n\pi}{B}y\right)\cos\left(\dfrac{p\pi}{L}z\right) \\[2mm]
H_y = -j\dfrac{2\omega\varepsilon}{k_c^2}\left(\dfrac{m\pi}{A}\right)E_0\cos\left(\dfrac{m\pi}{A}x\right)\sin\left(\dfrac{n\pi}{B}y\right)\cos\left(\dfrac{p\pi}{L}z\right) \\[2mm]
H_z = 0 \\[2mm]
E_x = -\dfrac{2}{k_L^2}\left(\dfrac{m\pi}{A}\right)\left(\dfrac{p\pi}{L}\right)E_0\cos\left(\dfrac{m\pi}{A}x\right)\sin\left(\dfrac{n\pi}{B}y\right)\sin\left(\dfrac{p\pi}{L}z\right) \\[2mm]
E_y = -\dfrac{2}{k_c^2}\left(\dfrac{n\pi}{B}\right)\left(\dfrac{p\pi}{L}\right)E_0\sin\left(\dfrac{m\pi}{A}x\right)\cos\left(\dfrac{n\pi}{B}y\right)\sin\left(\dfrac{p\pi}{L}z\right) \\[2mm]
E_z = 2E_0\sin\left(\dfrac{m\pi}{A}x\right)\sin\left(\dfrac{n\pi}{B}y\right)\cos\left(\dfrac{p\pi}{L}z\right)
\end{cases}
\tag{2-11}
$$

$$
k_c^2 = \left(\dfrac{m\pi}{A}\right)^2 + \left(\dfrac{n\pi}{B}\right)^2
\tag{2-12}
$$

式中：ω ——谐振腔工作角频率，r/s；

$\quad$ H ——磁场强度，A/m；

$\quad$ E ——电场强度，V/m；

$\quad$ A,B,L ——沿着 X、Y、Z 轴方向矩形谐振腔的长、宽、高，即干燥腔体的三轴尺寸，mm；

$\quad$ m,n,p ——谐振时，A,B,L 三个边所对应的半个波长数；

$\quad$ ε ——理想介质的介电常数；

μ_0——磁导率,H/m。

微波谐振腔中电磁储能的区域是复合的,不能截然分开。在微波设备工作时,微波谐振腔中存在无限多个谐振模式,因此矩形谐振腔可能存在无穷多个 TE 模和 TM 模。

2.4.1.2　微波频率和微波波长

矩形谐振腔内部的微波频率和微波波长之间满足式(2-13)与式(2-14):

$$f = \frac{c}{2}\sqrt{\left(\frac{m}{A}\right)^2 + \left(\frac{n}{B}\right)^2 + \left(\frac{p}{L}\right)^2} \qquad (2-13)$$

$$\lambda = \frac{2}{\sqrt{\left(\frac{m}{A}\right)^2 + \left(\frac{n}{B}\right)^2 + \left(\frac{p}{L}\right)^2}} \qquad (2-14)$$

式中:f——微波频率,MHz;

A,B,L——干燥腔体的三轴尺寸,mm;

m,n,p——谐振时,A、B、L 三个边所对应的半个波长数;

λ——微波波长,mm。

对于一个 λ 和已经确定的 A、B、L,可能有一组或几组 m、n、p 值满足式(2-14),表明干燥腔中可以同时存在多个场模式。恰当地选择干燥腔的 A、B、L 尺寸可以获得较多的模式参数,使微波干燥腔的加热效率和均匀性得到提高。

2.4.1.3　模式数计算

在微波频率确定后,模式数与干燥腔体尺寸有关,腔体尺寸越大,模式数越多;当体积一定时,微波频率越大,模式数越多。对于矩形谐振腔,可以根据式(2-15)选取 m、n、p 组合,得到相应的模式数:

$$f - \Delta f \leqslant \sqrt{\left(\frac{m}{A}\right)^2 + \left(\frac{n}{B}\right)^2 + \left(\frac{p}{L}\right)^2} \leqslant f + \Delta f \qquad (2-15)$$

式中:Δf——临近频宽,mm。

微波频率 f 一般为 2450 MHz 或 915 MHz,由前文可知本书取 2450 MHz。本书中微波干燥腔尺寸参照某型号工业微波炉谐振腔的优化尺寸,取 $A \times B \times L = 630$ mm $\times 650$ mm $\times 610$ mm。

2.4.2　旋转托架

旋转装置可以提高微波干燥物料的均匀性,我们设计的试验台干燥腔体内部装有物料旋转托架,如图 2-6 所示。该托架总体为十字形构造,托架末端安装四个限位螺钉,圆形托盘安放在限位螺钉内部。该旋转托架在腔体内高度方向不能产生位移。将圆形托盘放置在托架上后,圆形托盘上表面到干燥腔顶表面的距离就是微波直接辐射作用在物料上的距离,简称"微波辐射距离",用 h 表示。h 的数值根据后续的仿真分析结果确定。

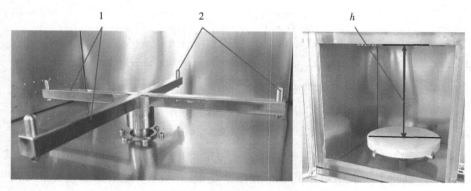

1—十字托架;2—限位螺钉;h—微波辐射距离

图 2-6　旋转托架结构及微波辐射距离示意图

该旋转托架由 90TDY060 永磁同步电机提供动力,输入功率为 70 W,输出转速为 60 r/min,托架的转动速度为 5 r/min。如图 2-7 所示,由电机 1 旋转运动,通过传动齿轮 3 带动托架转轴旋转,进而带动十字托架 5 旋转。电机 1 安装在电机支撑板 2(固定在机架上)上。托架转轴定位支撑在托架转轴支撑部件 4(固定在机架上)上。十字托架 5 上放置物料盘 6 和物料。干燥过程中,高粱物料均匀平铺在物料盘 6 上低速旋转。该旋转装置可以改善物料干燥的均匀性和干燥品质。微波干燥腔、机架等采用 304 不锈钢制造。

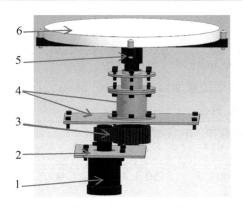

1—电机;2—电机支撑板;3—传动齿轮;4—托架转轴支撑部件;5—十字托架;6—物料盘

图 2 - 7　旋转托架的传动结构示意图

2.4.3　矩形波导

2.4.3.1　波导尺寸确定

如图 2-8 所示,矩形波导是指其截面呈矩形。其材料一般为金属,工作模式一般采用 TE_{10} 单模形式。矩形波导是在微波干燥设备中广泛应用的一种波导。

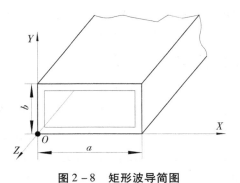

图 2 - 8　矩形波导简图

(1)微波波长 λ 计算

电磁波由两个矢量叠加而成,电场强度 E 和磁场强度 H 这两个矢量互相垂直,同时与电磁波的传播方向垂直。微波波长 λ 的计算公式为:

$$\lambda = \frac{c}{f\sqrt{\varepsilon_r}} \qquad\qquad (2-16)$$

式中: λ ——微波波长, mm;

$\quad c$ ——光在真空中的速度, $c = 3 \times 10^8$ m/s;

$\quad f$ ——微波频率, Hz;

$\quad \varepsilon_r$ ——介质的相对介电常数。

因此 $\lambda = \dfrac{c}{f\sqrt{1.00053}} = \dfrac{3 \times 10^8}{2450 \times 10^6 \times \sqrt{1.00053}} \approx 122.4$ mm。

(2)波导尺寸计算

为使波导尺寸合理,频带一定时只传输主模,此外还需要满足高功率容量、低损耗以及小尺寸等要求。若只传输主模,则需满足:

$$\begin{cases} \dfrac{\lambda}{2} < a < \lambda \\ 0 < b < \dfrac{\lambda}{2} \end{cases} \qquad\qquad (2-17)$$

考虑高功率时,需要满足:

$$\begin{cases} 0.6\lambda < a < \lambda \\ b = \dfrac{a}{2} \end{cases} \qquad\qquad (2-18)$$

本微波试验台的微波频率为 2450 MHz,微波波长为 122.4 mm,依据式 (2-18),取波导尺寸:长边 $a = 80$ mm;短边 $b = 40$ mm。

2.4.3.2　波导尺寸的坡印亭能量方程检验

微波谐振腔是一个完全空旷、由金属导体组成的具有完整几何形状的封闭腔体。实际微波干燥腔内有干燥的物料,物料有相对较大的介电常数,而且干燥腔内有转盘或传送带等运动机构。因此,实际微波干燥腔与微波谐振腔是存在一些区别的。本试验台干燥腔内有物料盘和旋转托架,因此需要利用坡印亭能量方程对所设计的波导尺寸进行计算分析,评价本试验台波导尺寸的合理性。

(1)波导口能量辐射方程

当微波干燥腔内的物料载荷为均匀平铺状态时,依据微波天线原理建立波导口的能量辐射方程。依据参考文献[104]提出的微波干燥腔内的能量分布方程,矩形波导口及微波辐射示意图如图 2-9 所示。

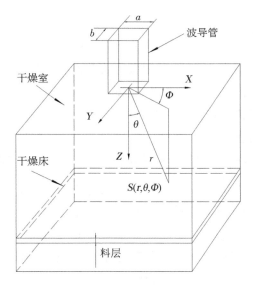

（a）矩形波导口

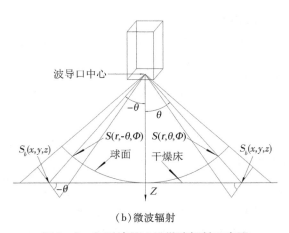

（b）微波辐射

图 2-9　矩形波导口及微波辐射示意图

依据图 2-9,波导口的坡印亭方程为:

$$p(\theta,\Phi) = p_{r,\theta}(\theta,\Phi) + p_{r,\Phi}(\theta,\Phi) \qquad (2-19)$$

在 XOZ 面上,$\Phi = 0°$、$180°$,$p(\theta,\Phi)$ 只包含 $p_{r,\Phi}(\theta,\Phi)$ 项,则此时有:

$$p(\theta, \Phi) = Rp_{r,\Phi}(\theta) = \pi^4 \cdot \cos^2\theta \cdot \left[\frac{\cos\left(\frac{\pi a}{\lambda} \cdot \sin\theta\right)}{\pi^2 - 4\left(\frac{\pi a}{\lambda} \cdot \sin\theta\right)^2} \right]^2 \quad (2-20)$$

式中：$p(\theta, \Phi)$ ——球面上的坡印亭功率密度，W/m^2；

$Rp_{r,\Phi}(\theta)$ ——球面上 XOZ 面内微波功率密度相对值；

a ——波导口在 X 轴方向的尺寸，mm；

r, Φ, θ ——球面坐标角度，(°)；

λ ——微波波长，mm。

在 YOZ 面上，$\Phi = 90°、270°$，$p(\theta, \Phi)$ 只包含 $p_{r,\theta}(\theta, \Phi)$ 项，则此时有：

$$p(\theta, \Phi) = Rp_{r,\theta}(\theta) = \left[\frac{\sin\left(\frac{\pi b}{\lambda} \cdot \sin\theta\right)}{\frac{\pi b}{\lambda} \cdot \sin\theta} \right]^2 \quad (2-21)$$

式中：$Rp_{r,\theta}(\theta)$ ——球面上 YOZ 面内微波功率密度相对值；

b ——波导口在 Y 轴方向的尺寸，mm。

由式(2-20)、式(2-21)可得出以波导口几何中心为球心的球形表面上一点 $S(r, \theta, \Phi)$ 的微波辐射能相对值。

依据几何学原理，干燥床平面上一点 $S_b(x, y, z)$ 的微波辐射能相对值应为：

$$p_b(\theta, \Phi) = p(\theta, \Phi) \cdot \cos^3\theta \quad (2-22)$$

因此，干燥床上的微波能分布可由下式确定：

①在 XOZ 面上有：

$$p_b(\theta, \Phi) = Rp_\Phi(\theta) = \pi^4 \cdot \cos^5\theta \cdot \left[\frac{\cos\left(\frac{\pi a}{\lambda} \cdot \sin\theta\right)}{\pi^2 - 4\left(\frac{\pi a}{\lambda} \cdot \sin\theta\right)^2} \right]^2 \quad (2-23)$$

式中：$p_b(\theta, \Phi)$ ——干燥床上的坡印亭功率密度，W/m^2；

$Rp_\Phi(\theta)$ ——干燥床上 XOZ 面内微波功率密度相对值。

②在 YOZ 面上有：

$$p_b(\theta, \Phi) = Rp_\theta(\theta) = \cos^3\theta \cdot \left[\frac{\sin\left(\frac{\pi b}{\lambda} \cdot \sin\theta\right)}{\frac{\pi b}{\lambda} \cdot \sin\theta} \right]^2 \quad (2-24)$$

式中：$Rp_\theta(\theta)$ ——干燥床上 YOZ 面内微波功率密度相对值。

（2）干燥床与球形表面的能量比较

干燥床上点 S_b、球形表面上点 S 的微波辐射能相对值关系为 $p_b(\theta,\varPhi) = p(\theta,\varPhi) \cdot \cos^3\theta$，当 $\theta \in \left[-\dfrac{\pi}{2},\dfrac{\pi}{2}\right]$ 时，$\cos^3\theta \in [0,1]$，因此 $p_b(\theta,\varPhi) = p(\theta,\varPhi) \cdot \cos^3\theta \leqslant p(\theta,\varPhi)$。

①当 $\theta = 0°$ 时，$p_b(\theta,\varPhi) = p(\theta,\varPhi)$，即 $\theta = 0°$ 时，球形表面上点 $S(r,\theta,\varPhi)$ 与干燥床上点 $S_b(x,y,z)$ 重合，二者的微波辐射能相对值相等。此时，在 XOZ 面上，$p_b(\theta,\varPhi) = p(\theta,\varPhi) = 1$；在 YOZ 面上，$p_b(\theta,\varPhi) = p(\theta,\varPhi) = 0$。

②当 $\theta = \pm\dfrac{\pi}{2}$ 时，在 XOZ 面上，$p_b(\theta,\varPhi) = p(\theta,\varPhi) = 0$；在 YOZ 面上，$p_b(\theta,\varPhi) = 0$，$p(\theta,\varPhi) = \dfrac{\lambda^2}{\pi^2 b^2} \cdot \sin^2\left(\dfrac{\pi b}{\lambda}\right)$。

③当 $\theta \in \left(-\dfrac{\pi}{2},0\right) \cup \left(0,\dfrac{\pi}{2}\right)$ 时，$0 < \cos^3\theta < 1$，因此 $p_b(\theta,\varPhi) = p(\theta,\varPhi) \cdot \cos^3\theta < p(\theta,\varPhi)$。此时，干燥床上点 S_b 的微波辐射能相对值 $p_b(\theta,\varPhi)$ 小于球形表面上点 S 的微波辐射能相对值 $p(\theta,\varPhi)$，并且 $|\theta|$ 越大，$|\cos^3\theta|$ 越小，则 $p_b(\theta,\varPhi)$ 与 $p(\theta,\varPhi)$ 相差得越大，干燥床上点 S_b 的微波辐射能相对值 $p_b(\theta,\varPhi)$ 越小。因此，为了保证干燥床上较高的微波辐射能量，$|\theta|$ 不宜过大或过小，若 $|\theta|$ 过小则微波辐射范围将缩小，$|\theta|$ 应该有一个合适的数值范围。

（3）波导尺寸合理性分析

参考文献[104]的研究结果表明，在 $a = 96$ mm、$b = 27$ mm、$\lambda = 122$ mm 的条件下，理论上微波干燥床上 XOZ 面内 $\theta = \pm 24°50'50''$ 范围内、YOZ 面内 $\theta = \pm 36°2'40''$ 范围内任何一点处的微波功率密度均大于该面内最大微波功率密度的二分之一。本书的波导口为矩形，且 $a = 80$ mm，$b = 40$ mm，$\lambda = 122.4$ mm，则有：

①在干燥床 XOZ 面上：

$$Rp_\varPhi(\theta) = \pi^4 \cdot \cos^5\theta \cdot \left[\frac{\cos\left(\dfrac{\pi a}{\lambda} \cdot \sin\theta\right)}{\pi^2 - 4\left(\dfrac{\pi a}{\lambda} \cdot \sin\theta\right)^2}\right]^2 = 0.5$$

求解可得微波辐射角度 $\theta = \pm 26°7'37''$。

②在干燥床 YOZ 面上：

$$Rp_\theta(\theta) = \cos^3\theta \cdot \left[\frac{\sin\left(\dfrac{\pi b}{\lambda} \cdot \sin\theta\right)}{\dfrac{\pi b}{\lambda} \cdot \sin\theta}\right]^2 = 0.5$$

求解可得微波辐射角度 $\theta = \pm 34°29'32''$。

因此，本书采用的微波干燥试验台矩形波导边长为 $a = 80\ mm$、$b = 40\ mm$，波长 $\lambda = 122.4\ mm$，理论上在微波干燥床上 XOZ 面内 $\theta = \pm 26°7'37''$ 范围内、YOZ 面内 $\theta = \pm 34°29'32''$ 范围内任何一点处的微波功率密度均大于该面内最大微波功率密度的二分之一。依据"$|\theta|$ 不宜过大也不宜过小"的原则，并与参考文献[104]的研究结果对比，本试验台理论上计算出的 $|\theta|$ 比较合适，表明本试验台的波导尺寸设计能够满足微波能量的分布要求。

2.4.3.3 矩形波导排布方式及微波辐射距离确定

波导的位置和波导的数量对温度分布及电场分布的特性有很大影响。由于微波以行波向前输送，当波导布置于干燥腔上顶面时，微波能直接作用于物料，干燥效率高，因此本试验台的波导布置于上顶面，同时每个波导上连接 1 个磁控管，3 个矩形波导配置 3 个磁控管。矩形波导的排布方式及微波辐射距离对微波干燥腔内物料层的电磁场分布和场强大小有显著影响，因此需要合理进行设计。

依据干燥腔总体尺寸及能量分布要求，基于 HFSS 软件对 3 个矩形波导的布置方式、3 种不同微波辐射距离进行仿真，从既有利于物料层电磁场分布均匀又保证物料层干燥品质良好的角度考虑，进行理论分析并确定较合理的波导排布方式及微波辐射距离。

仿真分析采用 HFSS 软件 15.0 版本，在软件中设置 waveport 激励，微波频率为 2450 MHz，扫描频率为 2445 ~ 2455 MHz，扫描间隔为 10 MHz，在 Driven Model 下求解，获得不同条件下电场的分布结果。

（1）仿真参数的确定

仿真分析使用参数汇总见表 2 – 5。

表 2 - 5　仿真分析使用参数汇总

频率/MHz	波长/mm	干燥腔尺寸（长×宽×高）/mm³	料层厚/mm	高粱密度/(kg·m⁻³)	微波辐射距离/mm	高粱相对介电常数 ε'	高粱介电损耗因子 ε''	损耗角正切 $\tan\delta$
2450	122.4	630×610×650	8	782.1	440/500/560	2.32	0.7356	0.32

（2）波导为"一横两竖"品字形排布时不同微波辐射距离对电磁场分布的影响

如图 2 - 10 所示,波导为"一横两竖"品字形排布时,可以看出微波辐射距离为 500 mm 时的场强分布图以黄绿色为主,并存在一定数量的红色区域,表明电磁场分布相对均匀且场强较大;微波辐射距离为 440 mm、560 mm 时的场强分布图都存在较大面积的蓝色区域,表明电磁场分布不均匀且场强较小。

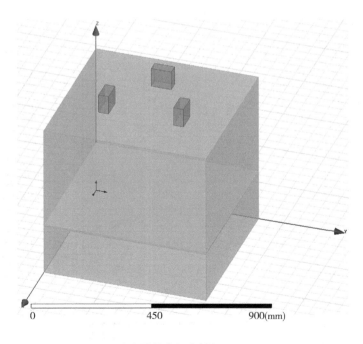

（a）波导分布示意图

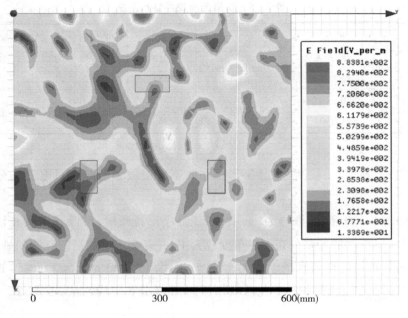

（b）h=440 mm

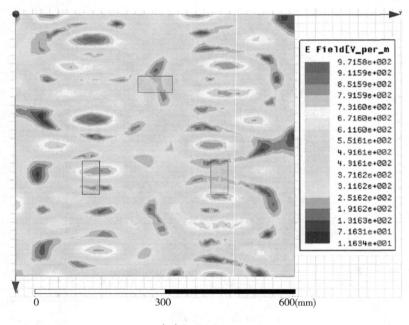

（c）h=500 mm

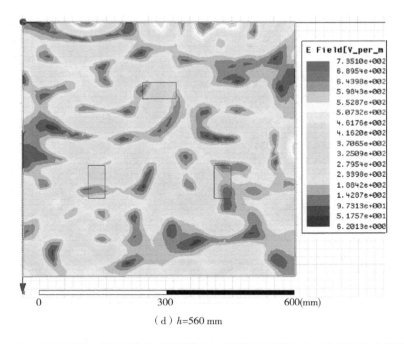

（d）$h=560$ mm

图 2 - 10　波导为"一横两竖"品字形排布时不同微波辐射距离对电磁场分布的影响

当微波辐射距离为 440 mm、500 mm、560 mm 时,物料层中部区域最大场强分别为 720.6 V/m、971.6 V/m、552.8 V/m,表明波导为"一横两竖"品字形排布时,随着微波辐射距离的增大,物料层中部区域最大场强呈现先增大后减小的变化趋势。

（3）波导为"三横"品字形排布时不同微波辐射距离对电磁场分布的影响

如图 2 - 11 所示,波导为"三横"品字形排布时,可以看出微波辐射距离为 440 mm、500 mm、560 mm 时的场强分布图都存在较大面积的蓝色区域,总体表明电磁场分布不均匀,其中微波辐射距离为 440 mm 时电磁场分布相对均匀。

当微波辐射距离为 440 mm、500 mm、560 mm 时,物料层中部区域最大场强分别为 612.2 V/m、356.8 V/m、448.5 V/m,表明波导为"三横"品字形排布时,随着微波辐射距离的增大,物料层中部区域最大场强呈现先减小后增大的变化趋势。

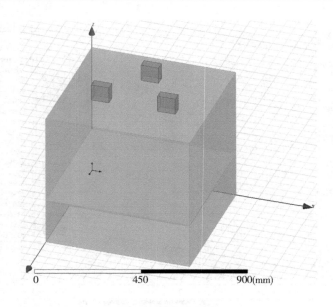

（a）波导分布示意图

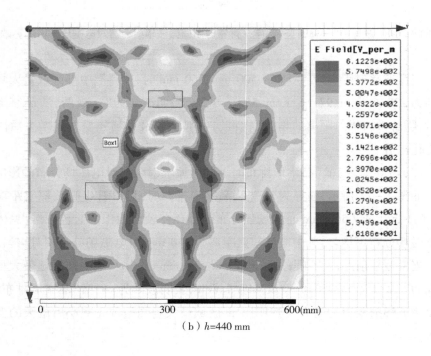

（b）$h=440$ mm

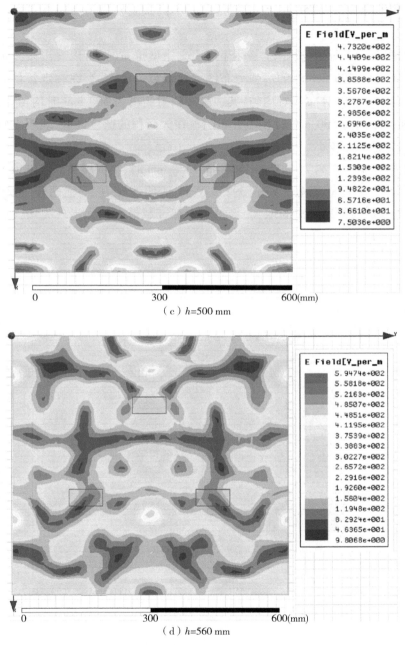

（c）h=500 mm

（d）h=560 mm

图 2 - 11　波导为"三横"品字形排布时不同微波辐射距离对电磁场分布的影响

（4）波导为"一横两竖"交错型排布时不同微波辐射距离对电磁场分布的影响

如图 2 – 12 所示，波导为"一横两竖"交错型排布时，可以看出微波辐射距离为 440 mm、500 mm 时的场强分布图以黄绿色为主，并存在一定数量的红色区域，表明电磁场分布相对均匀，其中微波辐射距离为 500 mm 时均匀性更好；微波辐射距离为 560 mm 时场强分布图存在大面积的蓝色区域，表明电磁场分布不均匀且场强较小。

当微波辐射距离为 440 mm、500 mm、560 mm 时，物料层中部区域最大场强分别为 540.5 V/m、754.9 V/m、392.5 V/m，表明波导为"一横两竖"交错型排布时，随着微波辐射距离的增大，物料层中部区域最大场强呈现先增大后减小的变化趋势。

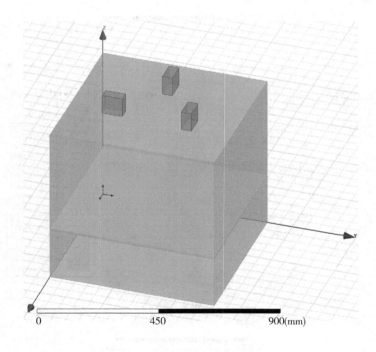

（a）波导分布示意图

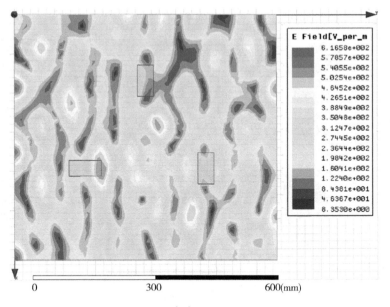

（b）h=440 mm

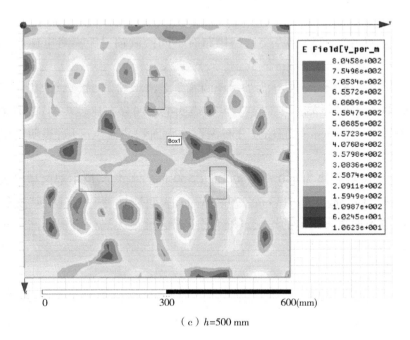

（c）h=500 mm

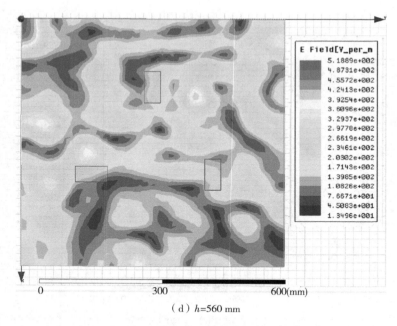

（d）h=560 mm

图 2-12 波导为"一横两竖"交错型排布时不同微波辐射距离对电磁场分布的影响

（5）波导为"一竖两横"交错型排布时不同微波辐射距离对电磁场分布的影响

如图 2-13 所示，波导为"一竖两横"交错型排布时，微波辐射距离为 440 mm 时的场强分布图以黄绿色为主，表明电磁场分布比较均匀；微波辐射距离为 500 mm、560 mm 时的场强分布图存在大面积的蓝色区域，表明电磁场分布不均匀。

当微波辐射距离为 440 mm、500 mm、560 mm 时，物料层中部区域最大场强分别为 790.1 V/m、408.7 V/m、379.7 V/m，表明波导为"一竖两横"交错型排布时，随着微波辐射距离的增大，物料层中部区域最大场强呈现逐渐减小的变化趋势。

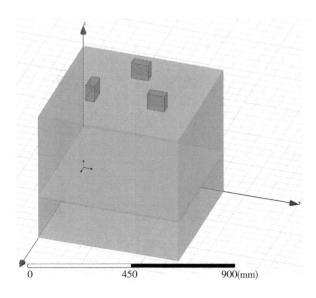

（a）波导分布示意图

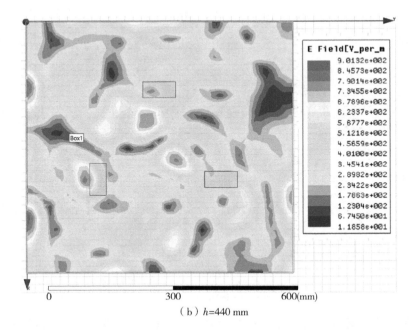

（b）h=440 mm

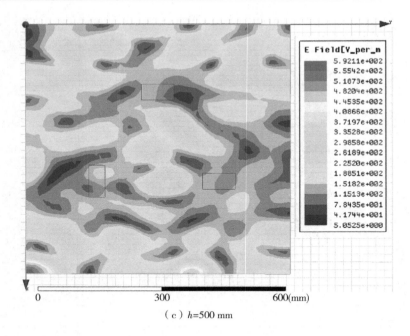

（c）$h=500$ mm

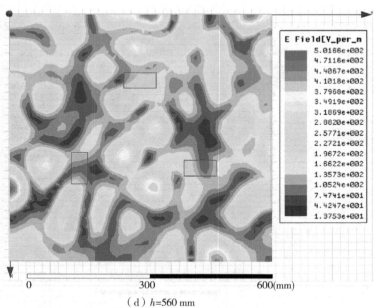

（d）$h=560$ mm

图 2 - 13　波导为"一竖两横"交错型排布时不同微波辐射距离对电磁场分布的影响

（6）波导为"一竖两横"品字形排布时不同微波辐射距离对电磁场分布的影响

如图 2 - 14 所示,波导为"一竖两横"品字形排布时,微波辐射距离为 500 mm 时的场强分布图以黄绿色为主,表明电磁场分布比较均匀;微波辐射距离为 440 mm、560 mm 时的场强分布图存在较多的蓝色区域,表明电磁场分布均匀性较差。

当微波辐射距离为 440 mm、500 mm、560 mm 时,物料层中部区域最大场强分别为 621.7 V/m、707.5 V/m、408.2 V/m,表明波导为"一竖两横"品字形排布时,随着微波辐射距离的增大,物料层中部区域最大场强呈现先增大后减小的变化趋势。

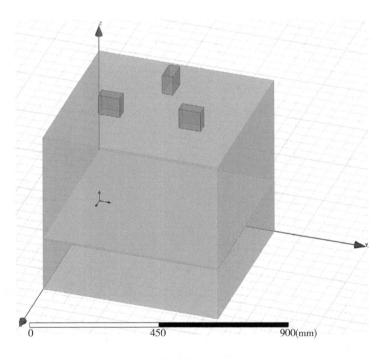

（a）波导分布示意图

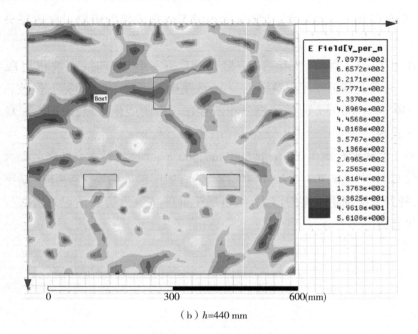

（b）h=440 mm

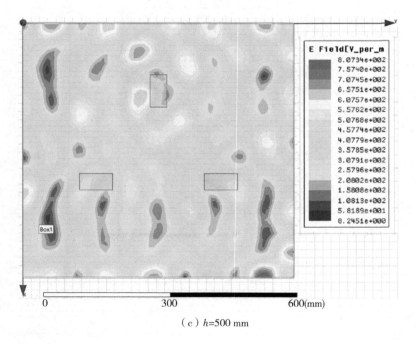

（c）h=500 mm

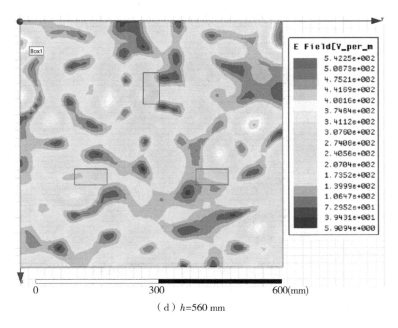

（d）h=560 mm

图 2 – 14　波导为"一竖两横"品字形排布时不同微波辐射距离对电磁场分布的影响

（7）波导为"三竖"品字形排布时不同微波辐射距离对电磁场分布的影响

如图 2 – 15 所示,波导为"三竖"品字形排布时,3 种微波辐射距离的场强分布图都存在一定面积的蓝色区域,其中微波辐射距离为 500 mm 时电磁场分布得相对均匀一些。

当微波辐射距离为 440 mm、500 mm、560 mm 时,物料层中部区域最大场强分别为 752.1 V/m、729.6 V/m、1208.6 V/m,表明波导为"三竖"品字形排布时,随着微波辐射距离的增大,物料层中部区域最大场强呈现先减小后增大的变化趋势。

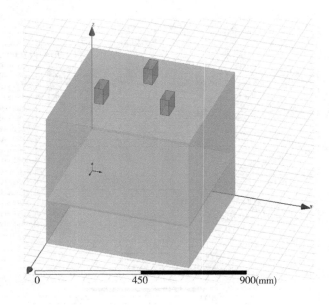

（a）波导分布示意图

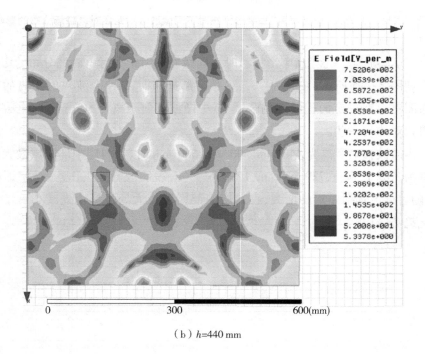

（b）h=440 mm

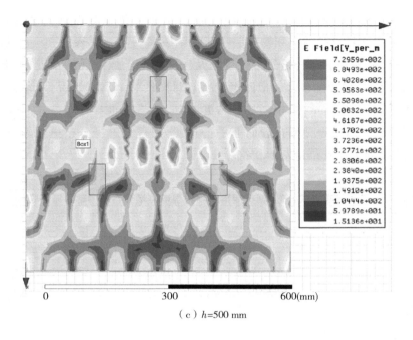

（c）h=500 mm

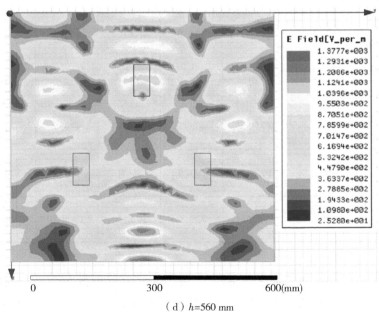

（d）h=560 mm

图 2 - 15　波导为"三竖"品字形排布时不同微波辐射距离对电磁场分布的影响

当矩形波导尺寸为 80 mm×40 mm 时,6 种波导排布方式、3 种微波辐射距离 h 下的电磁场分布情况和物料层中部区域最大场强 E 见表 2-6。通过对比分析可得,从有利于电磁场分布更均匀及保证较高干燥品质的角度看,波导为"一横两竖"品字形排布、"一横两竖"交错型排布、"一竖两横"品字形排布且微波辐射距离为 500 mm 时,电磁场分布更均匀。这 3 种波导排布方式都可以使 3 个波导中有 2 对波导交错布置而非平行布置,使得电磁场分布更均匀,这与参考文献[106]的仿真结论基本相符。

表 2-6　波导排布方式、微波辐射距离对物料层电磁场分布及中部区域场强的影响

波导排布方式	h/mm					
	440		500		560	
	$E/$ $(\text{V}\cdot\text{m}^{-1})$	电磁场分布情况	$E/$ $(\text{V}\cdot\text{m}^{-1})$	电磁场分布情况	$E/$ $(\text{V}\cdot\text{m}^{-1})$	电磁场分布情况
"一横两竖"品字形排布	720.6	不均匀	971.6	均匀	552.8	不均匀
"三横"品字形排布	612.2	较均匀	356.8	不均匀	448.5	不均匀
"一横两竖"交错型排布	540.5	较均匀	754.9	均匀	392.5	不均匀
"一竖两横"交错型排布	790.1	较均匀	408.7	不均匀	379.7	不均匀
"一竖两横"品字形排布	621.7	较均匀	707.5	均匀	408.2	不均匀
"三竖"品字形排布	752.1	不均匀	729.6	较均匀	1208.6	不均匀

波导为"一横两竖"品字形排布、"一横两竖"交错型排布、"一竖两横"品字形排布时,随着微波辐射距离的增大,物料层中部区域的最大场强都呈现先增大后减小的变化趋势(微波辐射距离为 500 mm 时场强最大),且波导为"一竖

两横"品字形排布时场强先增大后减小的波动幅度最小。因此,本微波干燥试验台选择波导为"一竖两横"品字形排布且微波辐射距离为 500 mm,此时最大场强为 707.5 V/m,既能保证电磁场分布均匀,又能使场强大小比较合适,从而更好地保证高粱物料干燥品质。从表 2 - 6 还可以看出,总体来看,微波辐射距离为 440 mm、500 mm 时电磁场分布的均匀性要好于 560 mm 时。

2.4.3.4　实际的波导、磁控管布局及磁控管冷却和微波辐射距离

本微波干燥试验台的 3 个磁控管 1 配置 3 个波导,3 个波导采用"一竖两横"品字形排布方式,如图 2 - 16 所示,结合图 2 - 6,微波辐射距离 h = 500 mm。实际的波导排布方式、微波辐射距离与仿真优化的结果是一致的。磁控管采用 2M244 - M1 型号,最大输出功率为 1 kW。

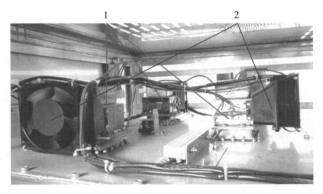

1—磁控管;2—冷却风扇

图 2 - 16　微波干燥试验台磁控管布局及冷却

每个磁控管工作时需要进行冷却处理,冷却处理的方式有风冷和水冷两种,本试验台采用风冷模式。每个磁控管配置 1 个冷却风扇 2,保证磁控管工作过程中温度不会过高,确保磁控管的工作性能稳定。

2.4.4　机架组合结构

本微波干燥试验台的机架组合结构采用多个截面为 40 mm × 40 mm 的不锈钢方钢焊接而成,支撑干燥腔箱体、旋转托架、排湿系统、监测控制系统、外部护板等结构。图 2 - 17 所示为微波干燥腔箱体下部的机架组合结构,其支撑干

燥腔箱体底面 1、旋转托架结构件 2 等结构。

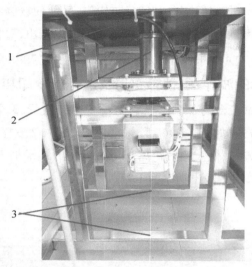

1—干燥腔箱体底面;2—旋转托架结构件;3—不锈钢方钢机架组合

图 2 - 17　微波干燥腔箱体下部的机架组合结构

2.4.5　排湿系统

　　排湿系统的作用是将干燥过程中产生的水蒸气及时排出干燥腔体,合适的风速有利于提高微波干燥效率和物料干燥质量。如图 2 - 18 所示,本微波干燥试验台的排湿系统包括功率为 25 W 的轴流排湿风机(带电机)及圆柱壳体 2、变频调速器 1 和排湿小孔 3 组成的排湿口等。如图 2 - 18(b)所示,在矩形干燥腔体上顶面的左后角区域,开出 224 个直径为 4 mm 的圆形小孔,这些小孔分布在直径为 112 mm 的圆形区域内,构成干燥腔体的排湿口。如图 2 - 18(a)所示,带电机的排湿风机固定在圆柱壳体上,圆柱壳体一端开口固定在干燥腔体外顶面的排湿口处,与排湿口紧密贴合。变频调速器固定在机架上,控制面板输入 0 ~ 3 m/s 范围内的风速时,由变频调速器控制排湿风机产生相应的风速,干燥腔体内的湿空气就会被及时排出。本书所述的排湿风速大小以排湿口处的风速大小为准,因此试验前需要用风速风量计校正排湿风机风速和排湿口处风速,确保试验调节的风速为排湿口处风速。

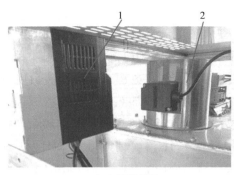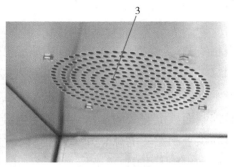

（a）排湿风机　　　　　　　　　　（b）排湿小孔分布

1—变频调速器;2—轴流排湿风机(带电机)及圆柱壳体;3—排湿小孔

图 2 - 18　排湿系统

2.4.6　控制系统

本微波干燥试验台的控制系统以 PLC 为控制核心,触摸屏为人机交互界面。控制系统主要对磁控管、排湿风速调节、旋转托架运动、低压状态、干燥腔体内物料状态、干燥腔体密封门密闭状态等进行控制和监测。

2.4.6.1　总体控制流程

①闭合空气开关 QF1 和 QF2。

②开启总电源开关 SA1。

③SA1 接通电源指示灯亮,并加热箱内摄像头,显示屏通电,显示加热箱内工作状态。

④SA1 接通继电器 KM1 通电,吸合常开触点 KM1 - 1 和 KM1 - 2,变压器 T1 通电工作。

⑤变压器 T1 通电工作,把 380 V 交流(AC)电转变成 220 V 交流电来控制开关电源 AS1、AS2、PLC 和触摸屏。

⑥PLC 和触摸屏通电,机器进入待机状态。

⑦放置物料并关好干燥腔门。

2.4.6.2　主电路控制系统

如图 2-19 所示,主电路供电电源为三相五线制,包括黄 U、绿 V 和红 W 三根相线,以及黑 N 零线、黄绿 PE 地线。两组空气开关 QF1 输入端接黄 U 相线和绿 V 相线,一组空气开关 QF2 输入端接黄 U 相线。电源总开关闭合后电源指示灯 HL1 和微波指示灯亮,进入待机状态,同时微波加热箱内安装的摄像头和控制面板上安装的显示屏电源得电开始工作,可以实时观测微波加热箱内物料的烘干状态。电源总开关闭合,同时接触器 KM1 得电辅助触头 KM1-1 和 KM1-2 闭合,KM1-1 和 KM1-2 动触头闭合后变压器 T1 初级线圈得电,次级线圈输出 220 V 交流电,给开关电源 AS1、AS2 和 PLC S7-200SMART SR20 提供 220 V 交流电。开关电源 AS1 得电,输出端 3.8 获得 12 V 直流(DC)电给微波控制板供电,用以调节微波功率的大小。开关电源 AS2 得电,输出端 2.1 获得 24 V 直流电给触摸屏供电,用以设置烘干参数值。S7-200SMART SR20 通过 PPI 电缆与触摸屏通信实现数据的相互读取。

2.4.6.3　PLC 控制模块

如图 2-20 所示,PLC 控制模块由 S7-200SMART SR20 和扩展模块 EM-AQ02 组成。S7-200SMART SR20 数字量输入/输出(I/O)点数为 12/8。

输入口 DIa0.0 连接急停开关 SB1,当设备发生异常情况时按下急停按钮,PLC 发出指令停止微波系统、排风系统和转盘工作,防止设备损坏,排除故障后顺时针旋转急停按钮,试验台进入待机状态。输入口 DIa0.1 连接微波干燥腔门开关 SQ1,防止未紧门启动微波造成辐射泄漏。输入口 DIa0.2、DIa0.3、DIa0.4 分别连接磁控管 1、磁控管 2 和磁控管 3 上的数字温度传感器来控制磁控管峰值温度,防止磁控管过热损坏。

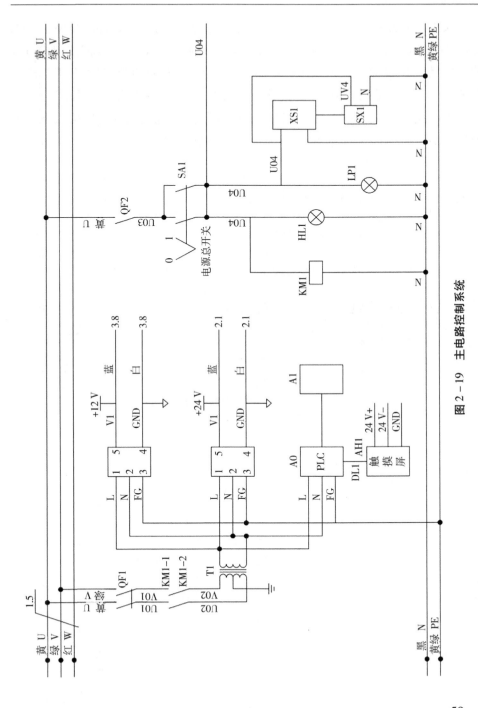

图 2 - 19　主电路控制系统

输出口 DQa0.0 连接接触器 KM2 来控制排湿风机电机的启动和停止。输出口 DQa0.1 连接接触器 KM3 来控制转盘电机的启动和停止。输出口 DQa0.2 连接接触器 KM4 来控制低压供电。输出口 DQa0.4 连接微波指示灯 HL2 显示微波工作状态。输出口 DQa0.5 连接接触器 1KM1 来控制微波启动和停止。

扩展模块 EM－AQ02 具有两路模拟量输出:第一路连接变频器用以调节排湿风机的转速;第二路连接微波控制板用以控制微波功率的大小。

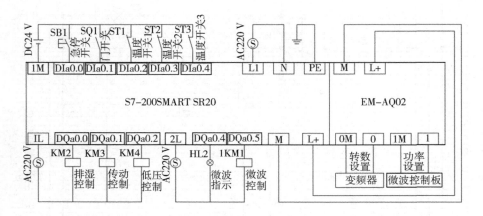

图 2－20　PLC 控制模块

第3章 粳高粱薄层微波干燥特性试验与动力学模型建立

干燥特性研究是物料干燥机理研究的重要内容。本章将以龙杂 10 高粱为研究对象进行微波干燥特性及动力学模型的研究,分析不同微波干燥条件对粳高粱含水率、干燥速率及物料温度的影响规律,建立适合的粳高粱微波干燥动力学模型,从干燥特性和干燥动力学角度研究粳高粱微波干燥机理。

3.1 粳高粱薄层微波干燥特性试验研究

3.1.1 试验材料及仪器设备

3.1.1.1 试验材料

试验高粱品种为龙杂 10,产地为大庆市杜尔伯特蒙古族自治县,属于典型黑龙江粳高粱品种。

3.1.1.2 试验仪器设备

粳高粱薄层微波干燥特性试验过程中使用的主要仪器设备见表 3 – 1。

表 3 – 1　主要仪器设备

仪器设备名称	型号或主参数
微波干燥试验台	0 ~ 3 kW
电热鼓风干燥箱	DGG – 9053A

续表

仪器设备名称	型号或主参数
水分分析仪	MB25
风速风量计	AS856
精密电子天平	LS6200C
便携式红外测温仪	ST20XB

3.1.2　试验方法与试验安排

3.1.2.1　试验方法

由于试验是在非收获季节进行的,故选用的粳高粱是比较干燥的,试验前要进行喷湿处理。粳高粱原料要先进行除杂处理,然后筛选籽粒饱满的高粱作为试验原料。依据试验方案要求及高粱的初始含水率,通过计算确定喷湿所用的水量,然后对试验高粱进行逐步喷湿,密封保持 16～20 h 使水分充分吸收和平衡,使高粱含水率达到收获时的含水率。

采用单因素薄层试验,依据薄层干燥要求,粳高粱物料层厚度不超过10 mm。在微波干燥试验台上,用特制圆形干燥盒称取定量高粱进行间歇式干燥试验。微波间歇干燥是指微波在干燥腔内对粳高粱物料作用一定时间后再停止作用一定时间(间歇时间),然后按照"微波作用 + 微波停止"的模式进行循环干燥。微波作用时间与微波间歇时间的比称为间歇比。

3.1.2.2　试验安排

干燥功率和微波干燥时间是影响微波干燥过程的重要因素,本章采用的是间歇式干燥方式,干燥时要及时排出干燥腔体中的气体,需要足够的排湿风速,因此本章选取单位质量干燥功率、单次微波作用时间、排湿风速和间歇比这4 个因素进行单因素干燥试验。

通过预试验,我们确定单位质量干燥功率为 2～6 W/g,单次微波作用时间为 30～70 s,排湿风速为 0.5～2.5 m/s,间歇比为 1:1～1:5,每个因素选取 5 个水平值,如表 3 － 2 所示。

表 3 - 2　单因素干燥试验的影响因素及取值水平

影响因素	取值水平				
单位质量干燥功率/(W·g⁻¹)	2	3	4	5	6
单次微波作用时间/s	30	40	50	60	70
排湿风速/(m·s⁻¹)	0.5	1.0	1.5	2.0	2.5
间歇比	1:1	1:2	1:3	1:4	1:5

工业上应用的中型隧道式微波干燥机单个腔体内的微波输出功率一般在 5~8 kW,考虑工业干燥机单个腔体尺寸和本试验台干燥腔体尺寸,基于相似理论及预试验检验,在本试验台的最大输出功率为 3.0 kW 的条件下,选择干燥试验微波输出功率为 2.4 kW。预试验结果表明单位质量干燥功率和单次微波作用时间较大会对粳高粱淀粉品质产生不利影响,间歇时间较大对淀粉品质有利。因此,在单因素干燥试验中,单位质量干燥功率取 3 W/g、单次微波作用时间取 40 s、排湿风速取 1.0 m/s、间歇比取 1:3。在排湿风速为 1.0 m/s、单次微波作用时间为 40 s、间歇比为 1:3 的条件下,选取单位质量干燥功率分别为 2 W/g、3 W/g、4 W/g、5 W/g、6 W/g 进行微波干燥试验;在排湿风速为 1.0 m/s、单位质量干燥功率为 3 W/g、间歇比为 1:3 的条件下,选取单次微波作用时间分别为 30 s、40 s、50 s、60 s、70 s 进行微波干燥试验;在单次微波作用时间为 40 s、单位质量干燥功率为 3 W/g、间歇比为 1:3 的条件下,选取排湿风速分别为 0.5 m/s、1.0 m/s、1.5 m/s、2.0 m/s、2.5 m/s 进行微波干燥试验;在单次微波作用时间为 40 s、单位质量功率为 3 W/g、排湿风速为 1.0 m/s 的条件下,选取间歇比分别为 1:1、1:2、1:3、1:4、1:5 进行微波干燥试验。

如图 3 - 1 所示,试验时称取定量物料均匀平铺在特制干燥盒中,将料盒放入微波干燥试验台干燥腔中的转盘上,紧闭腔体门。在试验台系统中自动设定好微波功率、排湿风速、单次微波作用时间、间歇时间等参数,转盘旋转并开始干燥。微波辐射作用两次结束后取出物料盘,快速进行物料测温及物料质量测定,再放入干燥腔中重复干燥过程,直到高粱的干基含水率降到安全水分 13.6%(湿基含水率 12%)为止。

图 3 - 1　粳高粱微波干燥试验基本过程

3.1.3　干燥特性指标

3.1.3.1　初始含水率

采用 105 ℃烘箱法测定干燥前粳高粱物料的初始含水率,可得本试验粳高粱初始干基含水率约为 30.5%。

3.1.3.2　干燥含水率

粳高粱干燥含水率的测定以干燥过程中物料干物质保持不变为依据,通过测量干燥后粳高粱的质量,按式(3 - 1)计算粳高粱对应干燥时间(或干燥次数)的干燥含水率。

$$M_{(t)} = \left[\frac{G_{(t)}}{G_0 \times (1 - M_0)} - 1 \right] \times 100\% \qquad (3 - 1)$$

式中:$G_{(t)}$——干燥 t 时间后物料的质量,g;

$M_{(t)}$——干燥 t 时间后物料的干基含水率,%;

G_0——干燥物料的初始质量,g;

M_0——干燥物料的初始干基含水率,%。

3.1.3.3　干燥速率

粳高粱在微波干燥过程中的干燥速率按式（3-2）进行计算：

$$DR = \frac{M_{s,t_1} - M_{s,t_2}}{t_2 - t_1} \tag{3-2}$$

式中：DR——粳高粱物料的干燥速率，$\%/s$；

$\quad M_{s,t_1}$——粳高粱物料在 t_1 时刻的干基含水率，$\%$；

$\quad M_{s,t_2}$——粳高粱物料在 t_2 时刻的干基含水率，$\%$；

$\quad t_1$、t_2——微波干燥时间，s。

3.1.3.4　物料温度

采用便携式红外测温仪测定粳高粱籽粒温度，并用自动测温传感器对温度进行校对。每两次微波辐射作用结束后快速测定高粱籽粒温度，操作要规范、迅速。立即用测温仪测定粳高粱物料层中心点以及同层面上与中心等距的周边 4 个点（左上、左下、右上、右下）的温度，然后取 5 个温度数值的平均值作为高粱籽粒的平均温度。

3.1.4　粳高粱微波干燥特性曲线

谷物的干燥特性曲线包括谷物含水率随干燥时间变化的曲线、谷物温度随干燥时间变化的曲线及谷物干燥速率随干燥时间变化的曲线等。图 3-2 为粳高粱在一定微波干燥试验条件下的干燥特性曲线。

图 3-2 所示粳高粱微波干燥特性曲线的试验条件：单位质量干燥功率为 3 W/g，排湿风速为 1.0 m/s，单次微波作用时间为 40 s，间歇比为 1:3。由图 3-2 可知，随着微波干燥时间的增加，粳高粱物料的温度 T 先快速升高后缓慢升高，高粱干基含水率 M 呈不断减小趋势，高粱干燥速率 DR 先快速增大、短暂保持不变后再逐渐减小。干燥速率较大表明微波干燥效率较高。我们针对物料温度、干基含水率和干燥速率随时间变化的曲线进行拟合，得到物料温度随干燥时间变化的关系式为 $T = 24.457t^{0.1502}$，决定系数 $R^2 = 0.9979$，表明物料温度 T 与干燥时间 t 之间较好地满足幂函数方程；干基含水率随干燥时间变化的关系式为 $M = 31.098 - 0.0289t + 9.013 \times 10^{-7}t^2$，决定系数 $R^2 = 0.9965$，表明干基含水率 M 与干燥时间 t 之间较好地满足多项式方程；干燥速率随干燥时间变化的关系式为 $DR = 0.0017 + 1.04 \times 10^{-4}t - 1.287 \times 10^{-7}t^2$，决定系数 $R^2 =$

0.9643,表明干燥速率 DR 与干燥时间 t 之间满足多项式方程。

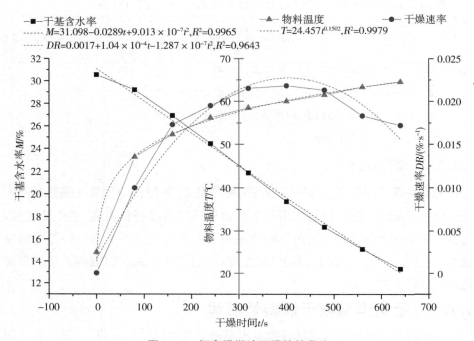

图 3-2 粳高粱微波干燥特性曲线

3.1.5 工艺参数对粳高粱微波干燥特性的影响

3.1.5.1 单位质量干燥功率对粳高粱干燥特性的影响

图 3-3 为单位质量干燥功率对粳高粱干燥特性的影响。如图 3-3(a)所示,随着单位质量干燥功率在 2~6 W/g 范围内逐渐增大,粳高粱的干基含水率下降加快。当干燥时间为 160 s 时,单位质量干燥功率从 2 W/g 增大到 3 W/g、3 W/g 增大到 4 W/g、4 W/g 增大到 5 W/g、5 W/g 增大到 6 W/g 各变化段对应的干基含水率减少量分别为 1.68、0.90、0.94、0.93 个百分点;当干燥时间为 480 s 时,对应各变化段的干基含水率减少量分别为 4.66、1.46、0.59、0.89 个百分点。可见,单位质量干燥功率从 2 W/g 增大到 3 W/g 时,干基含水率变化最显著。这是因为在干燥总功率一定的条件下,单位质量干燥功率越大,微波干燥时干燥的物料量越少。单位质量干燥功率由 2 W/g 增大到 6 W/g 时,干燥

物料量由 1200 g 减少到 400 g,微波作用强度逐步增大,因此干基含水率下降过程逐渐加快,尤其是从 2 W/g 增大到 3 W/g 时变化程度尤显著。当单位质量干燥功率一定时,总体看,干基含水率下降过程包括预干燥、恒速干燥和降速干燥三个阶段。在干燥初期,物料温度低,物料吸收微波能转化为热能逐步在积累,水分蒸发慢,干基含水率下降较慢,属于预干燥阶段;在干燥中期,物料吸收微波能逐步增加,物料温度逐步升高,水分蒸发加快并处于较稳定状态,干基含水率下降速度趋于稳定不变,进入恒速干燥阶段;在干燥后期,物料含水量已经较少,物料吸收微波能减弱,水分蒸发速度下降,干基含水率下降速度减小,进入降速干燥阶段。

如图 3-3(b) 所示,干燥时间为 0~160 s 时,干燥速率处于上升阶段,随着单位质量干燥功率的增大,干燥速率显著增大。当干燥时间为 160 s 时,单位质量干燥功率从 2 W/g 增大到 3 W/g、3 W/g 增大到 4 W/g、4 W/g 增大到 5 W/g、5 W/g 增大到 6 W/g 各变化段对应的干燥速率增加量分别为 0.0080%/s、0.0037%/s、0.0037%/s、0.0037%/s。可见,单位质量干燥功率从 2 W/g 增大到 3 W/g 时干燥速率变化程度最大,这与图 3-3(a) 的变化规律本质上是一致的。当干燥时间大于 160 s 时,各单位质量干燥功率下的干燥速率逐步进入下降阶段。干燥时间为 480 s 时,单位质量干燥功率为 2 W/g 时处于恒速干燥阶段,其余都处于降速干燥阶段。

当单位质量干燥功率为 2 W/g、3 W/g 时,干燥速率变化过程包含加速上升、恒速和降速三个阶段,2 W/g 时恒速阶段较长,3 W/g 时恒速阶段较短。其主要原因为:单位质量干燥功率处于较低水平时,干燥初期物料初始干基含水率高,介电常数较大,吸收微波能力强,物料温度升高很快,干燥速率快速增大;干燥中期物料干基含水率下降,介电常数减小,吸收微波能力减弱,物料温度升高较慢,干燥速率基本保持稳定;干燥后期物料干基含水率较低,微波能的吸收减少,物料中结合水比例增大,内部水分迁移速度比表面水分蒸发速度慢,干燥速率逐渐减小。当单位质量干燥功率为 4 W/g、5 W/g、6 W/g 时,干燥速率变化过程主要包含加速上升和降速两个阶段,两个干燥阶段分界的干燥时间点分别为 320 s、240 s 和 160 s,表明单位质量干燥功率越大,两个干燥阶段分界的干燥时间点越小。其主要原因为:单位质量干燥功率处于较高水平时,对物料作用强度大,干燥初期及中期粳高粱物料水分迁移速率都较大,当干燥速率达到最大值时,粳高粱物料中一部分水分已经去除,在干燥时间变化量相同的条件下,干基含水率下降的变化量减少,干燥速率变化进入降速阶段,没有明显的恒速阶段;单位质量干燥功率越大,干燥速率达到最大值的时间越短,导致两个干燥阶段分界的干燥时间点越小。

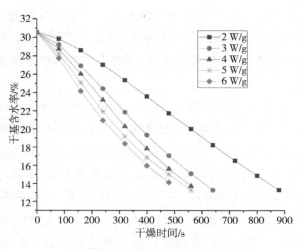

(a) 单位质量干燥功率对干基含水率的影响

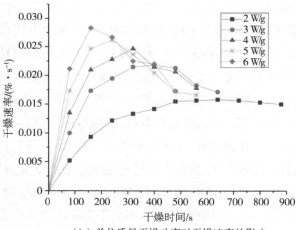

(b) 单位质量干燥功率对干燥速率的影响

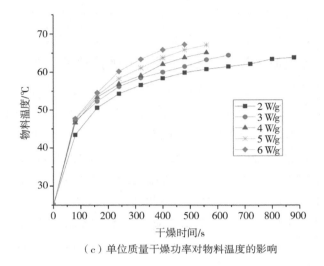

（c）单位质量干燥功率对物料温度的影响

图 3 - 3　单位质量干燥功率对粳高粱干燥特性的影响

如图 3 - 3(c) 所示,粳高粱籽粒总体温度变化可分为温度快速增加和温度缓慢增加趋于稳定两个阶段,这与于洁的研究结论一致。其主要原因为:在干燥前期,物料的初始干基含水率高,介电常数较大,物料吸收微波转化热能能力强,物料吸收微波产热大于水分蒸发吸热,因此物料温度上升较快;在干燥中后期,物料水分含量相对偏低,物料吸收微波产热与水分蒸发吸热大致相当,因此物料温度趋于稳定。

在干燥过程中,单位质量干燥功率不同,粳高粱籽粒的平均温度存在一定的差异。随着单位质量干燥功率的增大,粳高粱物料温度逐渐升高。其原因为:微波总功率一定时,随着单位质量功率的增大,干燥的粳高粱物料质量逐渐减少,微波作用强度增大,物料累积热量增加,故温度逐渐升高。当干燥时间为160 s 时,单位质量干燥功率从 2 W/g 增大到 3 W/g、3 W/g 增大到 4 W/g、4 W/g 增大到 5 W/g、5 W/g 增大到 6 W/g 各变化段对应的物料温度增加量分别为1.7 ℃、1.1 ℃、0.4 ℃、0.8 ℃;当干燥时间为 480 s 时,各变化段对应的物料温度增加量分别为 1.6 ℃、2.4 ℃、2.0 ℃、1.4 ℃。可见,干燥中后期温度变化幅度较小。

综上所述,单位质量干燥功率为 3 W/g 时,粳高粱物料干燥速率较大且变化过程包含加速上升、恒速和降速三个阶段,水分迁移速度较快,物料温度的升高处于相对缓慢状态,因此 3 W/g 是比较适合的单位质量干燥功率。

3.1.5.2　单次微波作用时间对粳高粱干燥特性的影响

微波作用时间是影响高粱干燥速率和高粱籽粒温度的重要因素之一,对高粱干后品质也将产生较大影响。微波干燥时间的延长会增强高粱的传热、传质过程。图 3-4 所示为单次微波作用时间对高粱干燥特性的影响。

如图 3-4(a)所示,随着单次微波作用时间的增加,粳高粱物料干基含水率下降幅度显著增大,达到安全水分时的微波干燥次数显著减少,干燥效率不断提高。其原因为:随着单次微波作用时间的增加,微波辐射时间延长,热量的累积增加,物料温度升高较快,水分蒸发速度加快。当微波干燥次数为 8 时,单次微波作用时间从 30 s 增加到 40 s、40 s 增加到 50 s、50 s 增加到 60 s、60 s 增加到 70 s 各变化段对应的干基含水率减少量分别为 1.69、4.39、2.10、3.40 个百分点。可见,单次微波作用时间从 40 s 增加到 50 s 变化段的干基含水率减少量最大。单次微波作用时间一定时,总体看,干基含水率下降过程包括预干燥、恒速干燥和降速干燥三个阶段,其原因与图 3-3 的分析结果一致。

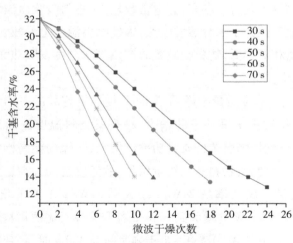

（a）单次微波作用时间对干基含水率的影响

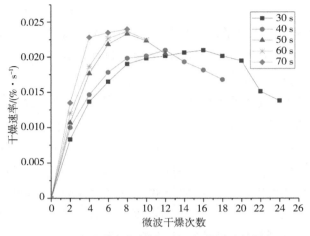

（b）单次微波作用时间对干燥速率的影响

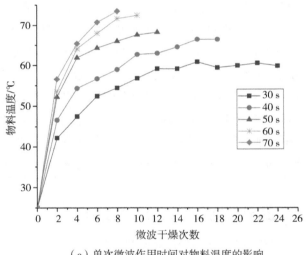

（c）单次微波作用时间对物料温度的影响

图 3-4　单次微波作用时间对高粱干燥特性的影响

如图 3-4(b)所示,微波干燥次数为 0～8 时,干燥速率处于上升阶段,随着单次微波作用时间的增加,粳高粱物料干燥速率较显著增大。当微波干燥次数为 8 时,单次微波作用时间从 30 s 增加到 40 s、40 s 增加到 50 s、50 s 增加到 60 s、60 s 增加到 70 s 各变化段对应的干燥速率增加量分别为 0.00083%/s、

0.00350%/s、0.00034%/s、0.00033%/s。可见,单次微波作用时间从40 s增加到50 s变化段的干燥速率增加量最大,这与图3-4(a)的变化规律本质上一致。在较低水平(30 s、40 s)时,干燥速率变化过程包含较明显的三个阶段:加速上升阶段、恒速阶段和降速阶段。在较高水平(50 s、60 s、70 s)时,干燥速率变化过程主要包含加速上升和降速两个阶段,恒速过程不明显。其主要原因与图3-3的分析结果基本一致。

如图3-4(c)所示,随着单次微波作用时间在30~70 s范围内逐渐增加,粳高粱累积的热量快速增加,粳高粱物料温度显著升高。当微波干燥次数为8时,单次微波作用时间从30 s增加到40 s、40 s增加到50 s、50 s增加到60 s、60 s增加到70 s各变化段对应物料的温度分别升高4.6 ℃、7.0 ℃、5.7 ℃、1.8 ℃。可见,单次微波作用时间从40 s增加到50 s变化段的物料温度升高量最大,这与图3-4(a)、(b)的变化规律本质上一致。总体看,物料温度变化包括快速升高阶段和缓慢升高趋于稳定阶段,其原因与前述一致。尤其是当单次微波作用时间为30 s时,物料温度两个阶段的变化表现得比较充分。

总体看,单次微波作用时间处于较低水平时,物料累积热量较少,物料升温较慢,干燥速率较小,干燥总次数较多,但干后品质较高;单次微波作用时间处于较高水平时,物料累积热量较多,物料升温较快,干燥速率较大,干燥总次数较少,但对干燥品质会产生不利的影响。单次微波作用时间为40 s时,物料干燥速率变化过程包含加速上升、恒速和降速三个阶段,水分迁移速度比较快,物料温度变化较稳定且最高温度较低,因此40 s是比较适合的单次微波作用时间。

3.1.5.3 排湿风速对粳高粱干燥特性的影响

如图3-5(a)所示,在排湿风速从0.5 m/s增大到2.0 m/s的过程中,粳高粱物料干基含水率的下降幅度略有增大,但不显著。当排湿风速增大到2.5 m/s时,粳高粱物料干基含水率的下降幅度有所减小,与排湿风速为1.0 m/s时的变化曲线基本重合。其原因为:在排湿风速从0.5 m/s增大到2.0 m/s的过程中,随着排湿风速的增大,微波干燥腔中的水蒸气被及时排出,干燥腔中的湿度显著降低,因此物料能够更充分地吸收微波能量,物料热量积累有所增加,故干基含水率下降幅度有所增大;当风速达到高水平2.5 m/s时,风速不仅带走蒸发的水汽,而且加快高粱籽粒与周围环境的热交换,使高粱籽

粒的热量有所减少,水分蒸发变缓,故干基含水率下降幅度有所减缓,与风速为
1.0 m/s 时的变化趋于重叠。总体看,排湿风速一定时,干基含水率下降过程包
括预干燥、恒速干燥和降速干燥三个阶段,原因与前述一致。

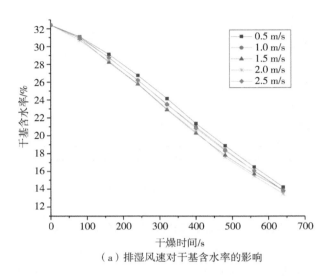

（a）排湿风速对干基含水率的影响

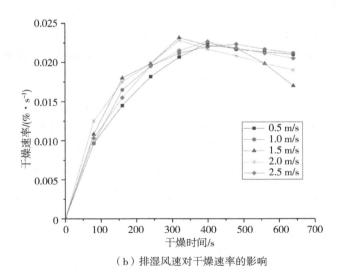

（b）排湿风速对干燥速率的影响

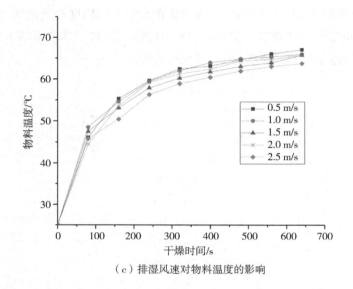

（c）排湿风速对物料温度的影响

图 3 - 5　排湿风速对粳高粱干燥特性的影响

如图 3 - 5(b)所示,干燥速率处于上升阶段时,在排湿风速从 0.5 m/s 增大到 2.0 m/s 的过程中,粳高粱物料干燥速率略有增大,排湿风速增大到 2.5 m/s 时干燥速率略有下降,这与排湿风速对干基含水率的影响本质一致。排湿风速为 0.5 m/s、1.0 m/s 时,干燥速率变化过程也包含较明显的三个阶段,即加速上升阶段、恒速阶段和降速阶段,其中恒速阶段较短。排湿风速为 1.5 m/s、2.0 m/s、2.5 m/s 时,干燥速率变化过程主要包含加速上升和降速两个阶段,两个干燥阶段分界的干燥时间点分别对应为 320 s、320 s 和 400 s。其主要原因为:排湿风速处于较高水平时,干燥腔内的水蒸气及时被排出,同时粳高粱物料表面水分蒸发速率有所增大,物料温度有所降低;当干燥速率达到最大值时,物料中一部分水分已经去除,在干燥时间变化量相同的条件下,干基含水率下降的变化量减少,干燥速率变化进入降速阶段,没有明显的恒速阶段。

如图 3 - 5(c)所示,粳高粱物料温度变化总体包括快速升高阶段和缓慢升高趋于稳定阶段。随着排湿风速的增大,粳高粱物料的温度略有下降,变化幅度不显著。因为随着排湿风速的增大,干燥腔内的水蒸气被排出,同时粳高粱物料与周围介质换热的程度也在加强,物料内部热量积累减少,所以物料温度略有下降。尤其是在排湿风速为 2.5 m/s 时,物料温度较低,表明较高水平的排湿风速加强了粳高粱物料与周围介质换热的程度。

3.1.5.4 间歇比对粳高粱干燥特性的影响

图 3 - 6 为间歇比对粳高粱干燥特性的影响,图中 1∶0 表示微波连续干燥过程。如图 3 - 6(a)所示,相对于间歇比 1∶1,间歇比在 1∶2 ~ 1∶5 范围内变化时,随着间歇比的减小,粳高粱干基含水率的下降幅度略有增大,但变化不显著。这是因为随着间歇比的减小,间歇时间变长,物料内部水分分布得到一些平衡,使得进一步干燥时干基含水率的下降幅度略有增大。但是微波干燥原理不同于热风干燥等方式,在间歇比相同的情况下,相对于热风干燥,微波干燥间歇时间较短,物料内部的水分分布不能充分平衡,不同间歇比对干基含水率下降的影响程度较小,因此间歇比为 1∶2、1∶3、1∶4、1∶5 时干基含水率的变化不大。在间歇比为 1∶0 的连续干燥过程中,干燥初期,干基含水率下降幅度与间歇式干燥差别不大;干燥中后期,连续式干燥的干基含水率下降幅度明显大于间歇式干燥。例如当干燥时间为 480 s 时,间歇比从 1∶1 变为 1∶5,干基含水率从 18.96% 下降到 17.76%,此时连续干燥的干基含水率为 17.03%。总体看,间歇比一定时,干基含水率下降过程包括预干燥、恒速干燥和降速干燥三个阶段,原因与前述一致。

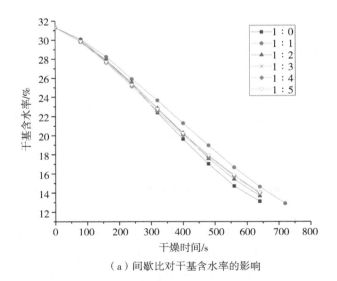

(a)间歇比对干基含水率的影响

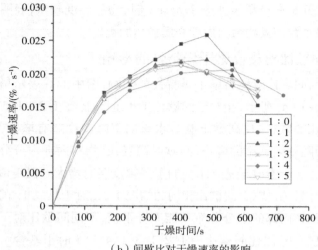

（b）间歇比对干燥速率的影响

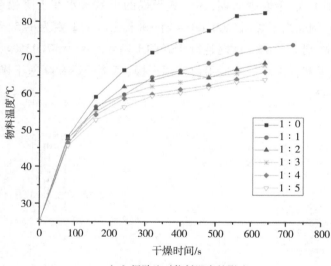

（c）间歇比对物料温度的影响

图 3 - 6　间歇比对粳高粱干燥特性的影响

　　如图 3 - 6(b)所示,在干燥速率上升阶段,随着间歇比的减小,粳高粱物料干燥速率有所增大,但相对于间歇比为 1: 1 时,间歇比为 1: 2、1: 3、1: 4、1: 5 时干燥速率的变化不大,这与图 3 - 6(a)中干基含水率的变化情况本质上一致。在间歇比为 1∶1、1∶2 时,干燥速率变化过程包含加速上升、恒速和降速三个阶段,恒速阶段较短。在间歇比为 1∶3、1∶4、1∶5 时,干燥速率变化过程包含加速上升和降速两个阶段,恒速过程不明显。其原因为:当间歇比较小即间歇时间较长时,粳高粱物料内部水分分布得到一定的平衡,再干燥时水分蒸发加快,当干燥速率达到最大值时,物料中一部分水分已经去除,在干燥时间变化量相同的条件下,干基含水率下降的变化量减少,干燥速率变化进入降速阶段,没有明显的恒速阶段。在连续干燥过程中,干燥初期的干燥速率变化与间歇式干燥差别不大,干燥中后期的干燥速率增大幅度要显著大于间歇式干燥。例如当干燥时间为 480 s、间歇比从 1∶1 变化到 1∶5 时,干燥速率从 0.02050%/s 增大到 0.02217%/s,此时 1∶0 连续干燥的干燥速率达到最大 0.02583%/s,表明连续式微波干燥的干燥速率大于间歇式微波干燥。

如图 3-6(c)所示,粳高粱物料温度变化总体包括快速升高和缓慢升高后趋于稳定两个阶段。随着间歇比的减小,粳高粱物料的温度有所下降。当干燥时间为 480 s、间歇比从 1∶1 变化到 1∶5 时,物料温度从 68.4 ℃降至 61.7 ℃,而此时 1∶0 连续干燥的物料温度达到 77.5 ℃,可见连续式微波干燥使物料温度显著升高。当干燥时间达到 640 s 时,间歇式微波干燥物料最高温度达到 72.7 ℃,而连续式微波干燥物料最高温度达到 82.5 ℃。连续式微波干燥的干燥效率高于间歇微波干燥,但是连续式微波干燥的物料温度升高过快,籽粒温度过高,容易使品质变差。间歇式微波干燥可以有效地控制微波加热过程中物料温度的直线上升,使物料温度缓慢升高,避免高粱籽粒过热,有利于保证籽粒的干燥品质。

3.2　粳高粱微波干燥动力学模型建立

3.2.1　干燥动力学模型选择

3.2.1.1　薄层干燥动力学模型选择

常用的薄层干燥动力学模型有多种,最常用来表达的关系主要包括三种:$MR-t$ 关系、$\ln MR-t$ 关系和 $\ln(-\ln MR)-\ln t$ 关系。如表 3-3 所示,本章选择能够表述上述三种关系的典型薄层干燥数学模型方程及线性处理后方程。由于 Newton 模型是 Henderson and Pabis 模型的特殊变化形式,因此本章采用 Wang and Singh 模型、Henderson and Pabis 模型和 Page 模型分别表达 $MR - t$ 关系、$\ln MR - t$ 关系和 $\ln(-\ln MR) - \ln t$ 关系,通过对比分析确定适合粳高粱薄层干燥的动力学模型。

表 3 - 3 薄层干燥动力学模型

模型名称	模型方程	线性处理后方程
Page 模型	$MR = \exp(-rt^N)$	$\ln(-\ln MR) = \ln r + N \ln t$
Henderson and Pabis 模型	$MR = A \exp(-rt)$	$\ln MR = -rt + \ln A$
Newton 模型	$MR = \exp(-rt)$	$\ln MR = -rt$
Wang and Singh 模型	$MR = At^2 + Bt + 1$	$MR = At^2 + Bt + 1$

注:MR 为水分比;t 为时间;N、r、A、B 为待定系数。

3.2.1.2 水分比的计算

粳高粱在 t 时刻的水分比可由式(3 - 3)计算:

$$MR = \frac{M_t - M_e}{M_0 - M_e} \tag{3 - 3}$$

式中:MR ——粳高粱在 t 时刻的水分比;

M_t ——粳高粱在 t 时刻的干基含水率,g/g;

M_0 ——粳高粱初始干基含水率,g/g;

M_e ——粳高粱平衡干基含水率,g/g。

由于 M_e 相对于 M_t 和 M_0 很小,因此忽略其影响可得到 MR 的简化计算公式:

$$MR = \frac{M_t}{M_0} \tag{3 - 4}$$

3.2.2 粳高粱微波干燥动力学模型及参数确定

3.2.2.1 粳高粱微波干燥动力学模型确定

依据式(3 - 4)对粳高粱微波干燥试验数据进行计算,改变单位质量干燥功率、排湿风速、间歇比等干燥条件,绘制相应的 $\ln MR - t$(Henderson and Pabis 模型)线性关系曲线图、$\ln(-\ln MR) - \ln t$(Page 模型)线性关系曲线图和 $MR - t$

（Wang and Singh 模型）多项式关系曲线图。

改变单位质量干燥功率时，$\ln MR - t$、$\ln(-\ln MR) - \ln t$ 和 $MR - t$ 关系曲线如图 3-7 所示。通过对比可知，$\ln(-\ln MR) - \ln t$ 关系曲线的线性状态最好。

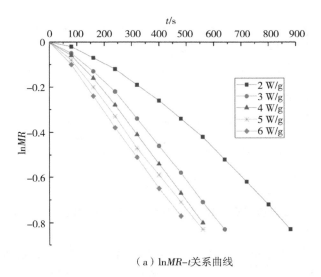

（a）$\ln MR$-t关系曲线

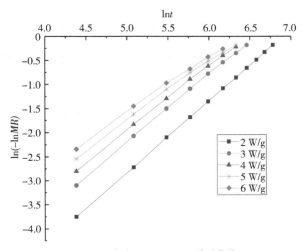

（b）$\ln(-\ln MR)$-$\ln t$关系曲线

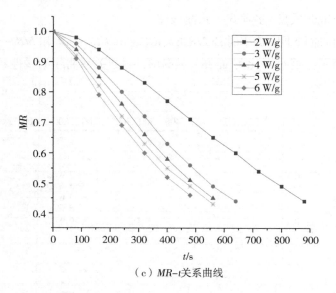

（c）MR-t 关系曲线

图 3 - 7 不同单位质量干燥功率时的 lnMR - t、ln(- lnMR) - ln$t$ 和 MR - t 关系曲线

改变排湿风速时，lnMR - t、ln(- lnMR) - ln$t$ 和 MR - t 关系曲线如图 3 - 8 所示。通过对比可知，ln(- lnMR) - ln$t$ 关系曲线的线性状态最好。

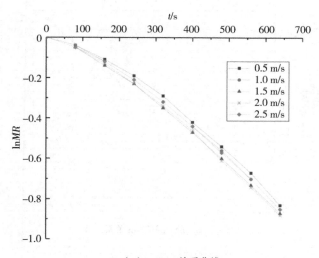

（a）lnMR-t关系曲线

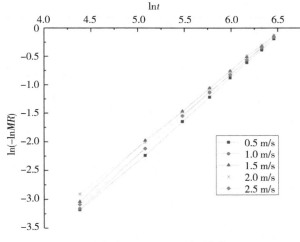

（b）ln(–lnMR)–lnt关系曲线

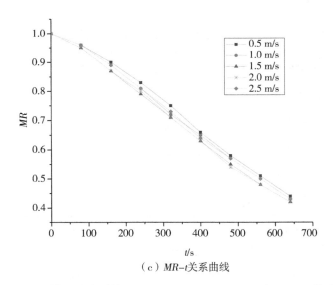

（c）MR–t关系曲线

图 3 – 8　不同排湿风速时的 lnMR – t、ln（ – lnMR） – lnt 和 MR – t 关系曲线

　　改变间歇比时，lnMR – t、ln（ – lnMR） – lnt 和 MR – t 关系曲线如图 3 – 9 所示。通过对比可知，ln（ – lnMR） – lnt 关系曲线的线性状态最好。

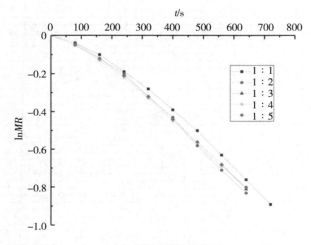

（a）lnMR-t关系曲线

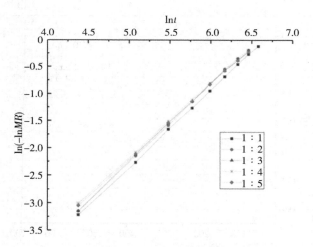

（b）ln(-lnMR)-lnt 关系曲线

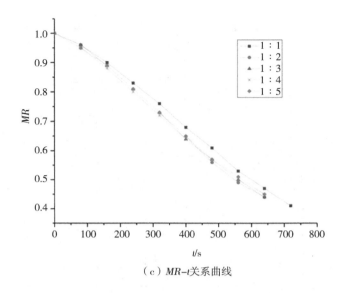

（c）$MR-t$ 关系曲线

图 3-9　不同间歇比时的 $\ln MR - t$、$\ln(-\ln MR) - \ln t$ 和 $MR - t$ 关系曲线

对图 3-7、图 3-8 和图 3-9 的关系曲线进行拟合分析，可得到不同微波干燥条件下干燥曲线的回归方程及决定系数，见表 3-4。由表 3-4 可知，在粳高粱微波干燥过程中改变单位质量干燥功率、排湿风速、间歇比等参数条件，$\ln MR - t$ 线性关系曲线的决定系数 R^2 在 0.9745~0.9987 范围内变动；$\ln(-\ln MR) - \ln t$ 线性关系曲线的决定系数在 0.9972~0.9999 范围内变动；$MR - t$ 多项式关系曲线的决定系数在 0.9955~0.9984 范围内变动。这表明试验数据在 $\ln MR - t$、$\ln(-\ln MR) - \ln t$ 关系曲线中都有较好的线性关系，在 $MR - t$ 关系曲线中有较好的多项式关系。根据决定系数可知，$\ln(-\ln MR) - \ln t$ 试验数据的拟合程度比 $\ln MR - t$ 和 $MR - t$ 更好，因此可得 Page 模型更适合描述粳高粱微波干燥过程中水分的变化规律。

3.2.2.2　粳高粱微波干燥 Page 模型参数确定

如表 3-5 所示，选取单位质量干燥功率为 2 W/g、4 W/g、6 W/g，排湿风速为 0.5 m/s、1.5 m/s、2.5 m/s，以及间歇比为 1:1、1:3、1:5 时对应的 r 值和 N 值，通过求解三元一次方程组确定 r 值、N 值与干燥参数的关系式（一元二次多项式）。

表 3 - 4　不同微波干燥条件下 lnMR - t,ln(- lnMR) - lnt 和 MR - t 的回归方程及决定系数

干燥因素及水平		lnMR - t		ln(- lnMR) - lnt		MR - t	
		回归方程	决定系数 R^2	回归方程	决定系数 R^2	回归方程	决定系数 R^2
单位质量干燥功率/(W·g⁻¹)	2	$y = -0.0009637x + 0.0815$	0.9772	$y = 1.4857x - 10.2556$	0.9999	$y = 1.02 - 5.88 \times 10^{-4}x - 9.56 \times 10^{-8}x^2$	0.9971
	3	$y = -0.00134x + 0.0604$	0.9879	$y = 1.4061x - 9.2265$	0.9993	$y = 1.019 - 9.55 \times 10^{-4}x + 4.06 \times 10^{-8}x^2$	0.9956
	4	$y = -0.00148x + 0.0483$	0.9921	$y = 1.3302x - 8.5995$	0.9991	$y = 1.015 - 0.00114x + 1.95 \times 10^{-7}x^2$	0.9965
	5	$y = -0.00153x + 0.0267$	0.9977	$y = 1.2148x - 7.8114$	0.9972	$y = 1.012 - 0.00134x + 5.21 \times 10^{-7}x^2$	0.9982
	6	$y = -0.00164x + 0.0157$	0.9987	$y = 1.1633x - 7.3944$	0.9976	$y = 1.01 - 0.00149x + 6.88 \times 10^{-7}x^2$	0.9984
排湿风速/(m·s⁻¹)	0.5	$y = -0.00131x + 0.0767$	0.9745	$y = 1.4482x - 9.5608$	0.9993	$y = 1.014 - 7.48 \times 10^{-4}x - 2.64 \times 10^{-7}x^2$	0.9968
	1.0	$y = -0.00135x + 0.0727$	0.9807	$y = 1.4370x - 9.4355$	0.9998	$y = 1.016 - 8.6 \times 10^{-4}x - 1.08 \times 10^{-7}x^2$	0.9972
	1.5	$y = -0.00139x + 0.0631$	0.9872	$y = 1.3851x - 9.0652$	0.9990	$y = 1.014 - 9.51 \times 10^{-4}x + 1.18 \times 10^{-8}x^2$	0.9980
	2.0	$y = -0.00141x + 0.0698$	0.9838	$y = 1.3487x - 8.8428$	0.9995	$y = 1.015 - 9.48 \times 10^{-4}x - 3.38 \times 10^{-9}x^2$	0.9968
	2.5	$y = -0.00135x + 0.0698$	0.9808	$y = 1.4121x - 9.2834$	0.9999	$y = 1.017 - 8.59 \times 10^{-4}x - 1.13 \times 10^{-7}x^2$	0.9969
间歇比	1:1	$y = -0.00127x + 0.0786$	0.9806	$y = 1.4201x - 9.4549$	0.9998	$y = 1.015 - 7.77 \times 10^{-4}x - 1.12 \times 10^{-7}x^2$	0.9975
	1:2	$y = -0.00135x + 0.0731$	0.9809	$y = 1.4370x - 9.4468$	0.9997	$y = 1.018 - 8.72 \times 10^{-4}x - 9.3 \times 10^{-8}x^2$	0.9955
	1:3	$y = -0.00131x + 0.0647$	0.9859	$y = 1.4162x - 9.3267$	0.9994	$y = 1.018 - 8.81 \times 10^{-4}x - 6.59 \times 10^{-8}x^2$	0.9962
	1:4	$y = -0.0013x + 0.0553$	0.9894	$y = 1.3531x - 8.9341$	0.9996	$y = 1.015 - 9.31 \times 10^{-4}x + 4.57 \times 10^{-8}x^2$	0.9972
	1:5	$y = -0.00129x + 0.0600$	0.9866	$y = 1.3705x - 9.0549$	0.9997	$y = 1.014 - 8.69 \times 10^{-4}x - 4.73 \times 10^{-8}x^2$	0.9967

表 3 – 5　Page 模型中 r、N 值与干燥参数的关系式

干燥参数		N 值	r 值	r 值与干燥参数的关系式	N 值与干燥参数的关系式
单位质量干燥功率/ ($W \cdot g^{-1}$)	2	1.4857	0.0000352	$r = 0.000035G^2 - 0.000137G + 0.000168$	$N = -0.00143G^2 - 0.0692G + 1.6298$
	4	1.3302	0.0001842		
	6	1.1633	0.0006147		
排湿风速/ ($m \cdot s^{-1}$)	0.5	1.4482	0.0000704	$r = -0.000034F^2 + 0.000113F + 0.000022$	$N = 0.04505F^2 - 0.1532F + 1.51354$
	1.5	1.3851	0.0001156		
	2.5	1.4121	0.0000930		
间歇比	1:1	1.4201	0.0000783	$r = 0.00024J^2 - 0.00034J + 0.0017$	$N = -0.42112J^2 + 0.56735J + 1.27388$
	1:3	1.4162	0.0000890		
	1:5	1.3705	0.0001168		

注：表中 G 表示单位质量干燥功率；F 表示排湿风速；J 表示间歇比。

将表 3 - 5 所得结果代入 Page 模型方程,可获得不同干燥条件下粳高粱微波干燥过程的动力学模型方程:

$$MR = \exp(-r \cdot t^N) \qquad (3-5)$$

改变单位质量干燥功率时粳高粱微波干燥的 Page 动力学模型方程为:

$$MR = \exp\left[(-0.000035G^2 + 0.000137G - 0.000168) \cdot t^{(-0.00143G^2 - 0.0692G + 1.6298)}\right]$$

$$(3-6)$$

式中:MR —— 粳高粱在 t 时刻的水分比;

$\quad t$ —— 干燥时间,s;

$\quad G$ —— 单位质量干燥功率,W/g。

该动力学模型的适用条件为:排湿风速为 1.0 m/s,单次微波作用时间为 40 s,间歇比为 1:3。

改变排湿风速时粳高粱微波干燥的 Page 动力学模型方程为:

$$MR = \exp\left[(0.000034F^2 - 0.000113F - 0.000022) \cdot t^{(0.04505F^2 - 0.1532F + 1.51354)}\right]$$

$$(3-7)$$

式中:F —— 排湿风速,m/s。

该动力学模型的适用条件为:单位质量干燥功率为 3 W/g,单次微波作用时间为 40 s,间歇比为 1:3。

改变间歇比时粳高粱微波干燥的 Page 动力学模型方程为:

$$MR = \exp\left[(-0.00024J^2 + 0.00034J - 0.00017) \cdot t^{(-0.42112J^2 + 0.56735J + 1.27388)}\right]$$

$$(3-8)$$

式中:J —— 间歇比。

该动力学模型的适用条件为:单位质量干燥功率为 3 W/g,单次微波作用时间为 40 s,排湿风速为 1.0 m/s。

3.2.2.3 粳高粱微波干燥 Page 动力学模型检验分析

我们对上述 Page 动力学模型进行检验分析来进一步验证模型的拟合效果,结果见表 3 - 6。

表 3 – 6　Page 动力学模型线性拟合方程的检验分析结果

因素水平	模型参数	参数数值	自由度	皮尔逊相关系数	残差平方和（RSS）	F 值	P 值	显著性
2 W/g	r	0.0000352	9	0.99997	0.00066	288136.2080	0	极显著
	N	1.4857						
3 W/g	r	0.0000984	6	0.99965	0.00484	7357.4495	1.69119×10^{-10}	极显著
	N	1.4061						
4 W/g	r	0.0001842	5	0.99957	0.00428	5293.8216	9.28971×10^{-9}	极显著
	N	1.3302						
5 W/g	r	0.0004051	5	0.99859	0.01175	1715.2035	1.54812×10^{-7}	极显著
	N	1.2148						
6 W/g	r	0.0006147	4	0.99878	0.00722	1433.8494	2.90488×10^{-6}	极显著
	N	1.1633						
0.5 m/s	r	0.0000704	6	0.99972	0.00412	13968.1521	2.47399×10^{-11}	极显著
	N	1.4482						
1.0 m/s	r	0.0000798	6	0.99992	0.00107	21466.1453	6.81899×10^{-12}	极显著
	N	1.4370						
1.5 m/s	r	0.0001156	6	0.99959	0.00548	5720.4231	3.59604×10^{-10}	极显著
	N	1.3851						

续表

因素水平	模型参数	参数数值	自由度	皮尔逊相关系数	残差平方和（RSS）	F值	P值	显著性
2.0 m/s	r	0.0001444	6	0.99977	0.00292	14259.3771	2.32553×10^{-11}	极显著
	N	1.3487						
2.5 m/s	r	0.0000930	6	0.99997	0.00038	213345.0536	6.99441×10^{-15}	极显著
	N	1.4121						
1:1	r	0.0000783	7	0.99991	0.00157	69769.4647	2.9976×10^{-15}	极显著
	N	1.4201						
1:2	r	0.0000789	6	0.99986	0.00207	16965.3228	1.38106×10^{-11}	极显著
	N	1.4370						
1:3	r	0.0000890	6	0.99976	0.00330	10514.5426	5.79805×10^{-11}	极显著
	N	1.4162						
1:4	r	0.0001318	6	0.99983	0.00220	17547.9494	1.24806×10^{-11}	极显著
	N	1.3531						
1:5	r	0.0001168	6	0.99989	0.00142	32692.0531	1.9309×10^{-12}	极显著
	N	1.3705						

由表 3-6 可知,在不同的单位质量干燥功率、排湿风速、间歇比下,皮尔逊相关系数在 0.99859 ~ 0.99997 范围内变化,接近 1;残差平方和(RSS)在 0.00038 ~ 0.01175 范围内变化,除了 5 W/g 外,其余条件下残差平方和都小于 0.009;最大 F 值为 288136.2080,对应 P 值约等于 0;表 3-6 中全部 P 值都极小,表明显著性均为极显著水平。综合上述数据可知 Page 动力学模型的拟合效果好。因此,Page 动力学模型适合粳高粱微波间歇干燥过程,此模型可以较准确地预测不同单位质量干燥功率、排湿风速和间歇比等条件下粳高粱籽粒的干基含水率、干燥速率及水分比的变化规律。

3.2.2.4 粳高粱微波干燥 Page 动力学模型的验证

为了进一步验证 Page 动力学模型计算的预测值与干燥试验获得的试验值之间的吻合程度,需要进行试验验证。

在排湿风速为 1.0 m/s、单次微波作用时间为 40 s、间歇比为 1∶3 的干燥条件下,分别取单位质量干燥功率为 3 W/g、5 W/g 进行粳高粱微波干燥试验,获得水分比试验值,同时根据式(3-6)计算相应条件下的水分比预测值,绘制对比曲线,如图 3-10 所示。由图 3-10 可知,试验曲线与拟合曲线趋势一致,且在相同干燥条件下,同一干燥时间时粳高粱水分比预测值与试验值的最大误差不超过 3%,表明 Page 动力学模型适合粳高粱微波间歇干燥且拟合效果较好。

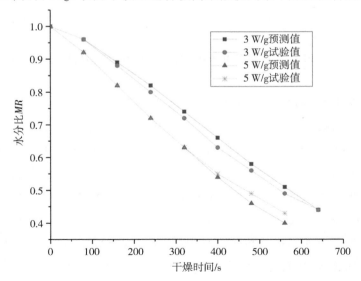

图 3-10 不同单位质量干燥功率时 Page 动力学模型的验证

在单位质量干燥功率为 3 W/g、单次微波作用时间为 40 s、间歇比为 1 : 3 的干燥条件下,分别取排湿风速为 1.0 m/s、2.0 m/s 进行粳高粱微波干燥试验,获得水分比试验值,同时根据式(3-7)计算相应条件下的水分比预测值,绘制对比曲线,如图 3-11 所示。由图 3-11 可知,试验曲线与拟合曲线趋势一致,且在相同干燥条件下,同一干燥时间时粳高粱水分比预测值与试验值的最大误差不超过 1%,表明 Page 动力学模型适合粳高粱微波间歇干燥且拟合效果较好。

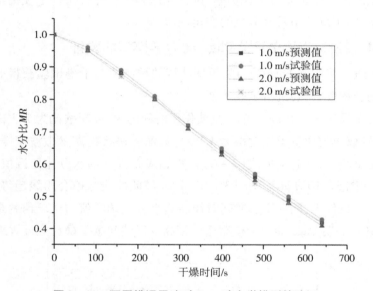

图 3-11   不同排湿风速时 Page 动力学模型的验证

在单位质量干燥功率为 3 W/g、单次微波作用时间为 40 s、排湿风速为 1.0 m/s 的干燥条件下,分别取间歇比为 1 : 2、1 : 4 进行粳高粱微波干燥试验,获得水分比试验值,同时根据式(3-8)计算相应条件下的水分比预测值,绘制对比曲线,如图 3-12 所示。由图 3-12 可知,试验曲线与拟合曲线趋势一致,且在相同干燥条件下,同一干燥时间时粳高粱水分比预测值与试验值的最大误差不超过 2%,表明 Page 动力学模型适合粳高粱微波间歇干燥且拟合效果较好。

综上所述,在本章的试验条件下,Page 动力学模型[式(3-6)、式(3-7)、式(3-8)]能够较好地反映粳高粱微波间歇干燥过程中水分变化的规律。

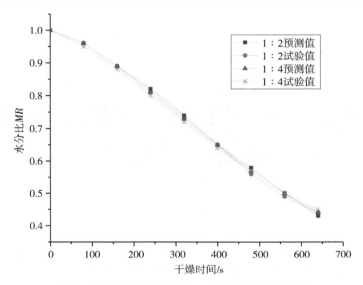

图 3 - 12　不同间歇比时 Page 动力学模型的验证

第4章　粳高粱微波干燥传热传质理论模型建立

微波加热干燥属于"物料籽粒内外同时吸热",微波干燥时物料的温度梯度和水分梯度变化方向都是由内向外,而传统热风干燥物料的温度梯度变化方向是由外向内,水分梯度变化方向是由内向外。可见,微波干燥具有较特别的干燥原理。高粱籽粒尺寸较小,外表有一薄层果皮,其与籽粒内部的淀粉等物质连接紧密。考虑微波干燥原理的特殊性及高粱物料自身的特征,研究微波干燥高粱过程中单个籽粒内部水分和温度变化的规律是进一步揭示高粱微波干燥机理的重要内容。

4.1　单个粳高粱籽粒传热传质模型建立

高粱属于多孔性物料,籽粒较小,由 2.1 节所述的粳高粱物料特性可知,本书所选用粳高粱品种的籽粒总体呈略扁的球形体,等效球体直径约为 4 mm,因此将籽粒近似看作球体。微波干燥时,水的相变主要发生在物料内部,并以气体或液体的形式向表面扩散,干燥过程中产生的传热传质是复杂的综合过程,涉及众多学科原理及重要理论。本章将基于能量守恒定律、组分守恒定律等基本定律,依据傅里叶定律和菲克定律等,利用微元体积控制单元推导高粱微波干燥过程中单个球形籽粒的球坐标传热传质方程。

4.1.1　传热传质模型假设条件及干燥系统结构、材料对热质传递的影响

4.1.1.1　模型假设条件

①假定在微波干燥过程中粳高粱的密度基本不变。

②粳高粱籽粒呈略扁的球形体,近似于球形,这里假设其为球体。

③粳高粱物料内部的水分主要以液态水形式扩散到物料表面再蒸发出去。

④干燥过程中物料内部物质成分及孔隙分布均匀,且各向同性;物料初始含水率和初始温度处处相同;物料内部各部分对微波的吸收能力相同。

⑤干燥过程中粳高粱籽粒变形较小,可以不考虑变形。

4.1.1.2　干燥系统结构、材料对热质传递的影响

进行微波干燥时,将粳高粱籽粒放在塑料盘中均匀分布,将塑料盘放在几乎封闭的矩形干燥腔内的托架上。干燥腔和托架都是由不锈钢材质构成的,微波干燥时都不吸收微波能,而是反射微波,塑料盘也不吸收微波能。含水的物料吸收微波能使周围空气介质和塑料盘温度升高,而干燥腔、托架通过介质吸收少量能量,但这些能量都封闭在腔体中不向外传递,因此干燥腔、托架和塑料盘对粳高粱的传热传质影响很小。腔体上部有排湿小孔,排湿气流对传热传质的影响通过对流传热系数和对流传质系数来体现。

4.1.2　传热控制方程建立

4.1.2.1　传热方程

一个系统的总能量是守恒的,要使系统内的能量发生变化,就要有能量穿过系统的边界。对于一个时间段(Δt)内的控制容积,有:

$$\Delta E_{st} = E_{in} - E_{out} + E_{g} \qquad (4-1)$$

式中:ΔE_{st}——储存在控制容积中的热能和机械能的增大量,J;

E_{in}——进入控制容积的热能和机械能,J;

E_{out}——离开控制容积的热能和机械能,J;

E_{g}——控制容积内产生的热能,J。

对于一个瞬间(t)内的控制容积,有:

$$\dot{E}_{st} = \frac{dE_{st}}{dt} = \dot{E}_{in} - \dot{E}_{out} + \dot{E}_{g} \qquad (4-2)$$

式中：$\dot{E}_{st}$——储存在控制容积中的热能和机械能速率的增大量，kJ/h；

$\dot{E}_{in}$——进入控制容积的热能和机械能速率，kJ/h；

$\dot{E}_{out}$——离开控制容积的热能和机械能速率，kJ/h；

$\dot{E}_{g}$——同一瞬间控制容积内产生热能的速率，kJ/h。

粳高粱物料籽粒可看成由若干微单元控制体积组成，各微单元控制体积互相连接。在微波干燥过程中，物料内外虽然同时受热，但微波内热源作用使内部温度升高而物料表面散热导致温度下降，因此籽粒内外存在一定的温度梯度，热传导会通过微单元控制体积的各个表面由籽粒内部向表面发生。如图4-1所以，基于高等数学中的球坐标分解理论，我们建立如图4-2所示的对球状物料在球坐标系中进行传热分析的微元控制体，沿 r、φ、θ 方向会产生导热速率的变化。

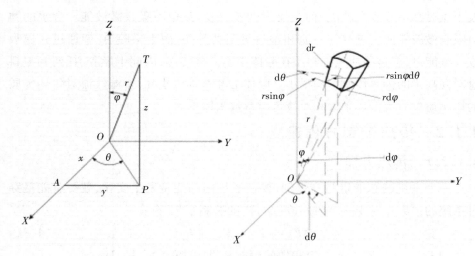

图4-1 球坐标分解示意图

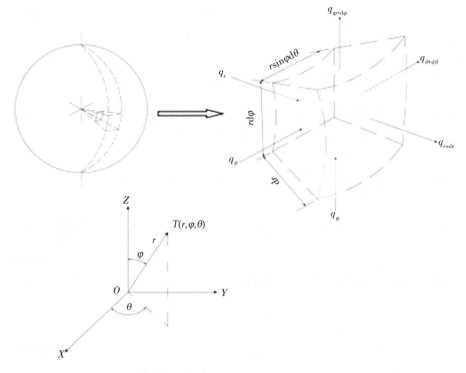

图 4 - 2　对球状物料在球坐标系中进行传热分析的微元控制体

根据图 4 - 2,有:

$$
\begin{cases}
q_{r+\mathrm{d}r} = q_r + \dfrac{\partial q_r}{\partial r} \cdot \mathrm{d}r \\[3mm]
q_{\varphi+\mathrm{d}\varphi} = q_\varphi + \dfrac{\partial q_\varphi}{\partial \varphi} \cdot \mathrm{d}\varphi \\[3mm]
q_{\theta+\mathrm{d}\theta} = q_\theta + \dfrac{\partial q_\theta}{\partial \theta} \cdot \mathrm{d}\theta
\end{cases}
\tag{4-3}
$$

式中:q_r、q_φ、q_θ——在 r、φ、θ 方向上进入各控制表面的导热速率,W/(m^2 · s);

$q_{r+\mathrm{d}r}$、$q_{\varphi+\mathrm{d}\varphi}$、$q_{\theta+\mathrm{d}\theta}$——在 r、φ、θ 方向上从控制体单元移出各相对控制表面的导热速率,W/(m^2 · s)。

控制单元体的体积为 $r^2 \cdot \sin\varphi \cdot \mathrm{d}r \cdot \mathrm{d}\varphi \cdot \mathrm{d}\theta$。微波干燥中,内热源由微波作用产生,有:

$$\dot{E}_g = \dot{q} \cdot r^2 \cdot \sin\varphi \cdot dr \cdot d\varphi \cdot d\theta \qquad (4-4)$$

式中：$\dot{q}$——单位体积介质的产能速率，W/m^3。

$$\dot{E}_{st} = \rho \cdot C_p \cdot \frac{\partial T}{\partial t} \cdot r^2 \cdot \sin\varphi \cdot dr \cdot d\varphi \cdot d\theta \qquad (4-5)$$

式中：ρ——物料的密度，kg/m^3；

C_p——物料的定压比热容，$J/(kg \cdot ℃)$。

将式(4-4)、式(4-5)代入式(4-2)可得：

$$\rho \cdot C_p \cdot \frac{\partial T}{\partial t} \cdot r^2 \cdot \sin\varphi \cdot dr \cdot d\varphi \cdot d\theta = \dot{q} \cdot r^2 \cdot \sin\varphi \cdot dr \cdot d\varphi \cdot d\theta -$$
$$\frac{\partial q_r}{\partial r} \cdot dr - \frac{\partial q_\varphi}{\partial \varphi} \cdot d\varphi - \frac{\partial q_\theta}{\partial \theta} \cdot d\theta$$
$$(4-6)$$

导热速率可依据傅里叶定律计算：

$$\begin{cases} q_r = -k \cdot r^2 \cdot \sin\varphi \cdot d\varphi \cdot d\theta \cdot \dfrac{\partial T}{\partial r} \\[2mm] q_\varphi = -k \cdot \sin\varphi \cdot dr \cdot d\theta \cdot \dfrac{\partial T}{\partial \varphi} \\[2mm] q_\theta = -\dfrac{k}{\sin\varphi} \cdot dr \cdot d\varphi \cdot \dfrac{\partial T}{\partial \theta} \end{cases} \qquad (4-7)$$

代入式(4-6)中可得传热方程：

$$\rho \cdot C_p \cdot \frac{\partial T}{\partial t} = \dot{q} + \frac{1}{r^2} \cdot \frac{\partial}{\partial r}\left(k \cdot r^2 \cdot \frac{\partial T}{\partial r}\right) + \frac{1}{r^2 \cdot \sin\varphi} \cdot \frac{\partial}{\partial \varphi}\left(k \cdot \sin\varphi \cdot \frac{\partial T}{\partial \varphi}\right) +$$
$$\frac{1}{r^2 \cdot \sin^2\varphi} \cdot \frac{\partial}{\partial \theta}\left(k \cdot \frac{\partial T}{\partial \theta}\right)$$
$$(4-8)$$

对于球状样品，样品内部微波能的吸收情况可以由朗伯-比尔定律得到。依据该定律，样品内部距离样品表面 x 处的微波能流为：

$$p(x) = p_0 \cdot \exp(-2\beta \cdot x) \qquad (4-9)$$

式中：$p(x)$——样品内部距离样品表面 x 处的微波能流，W/m^3；

p_0——样品表面的微波能流，W/m^3；

β——衰减常数或衰减因子。

其中：

$$\beta = \frac{2\pi \cdot f}{c} \cdot \sqrt{\frac{\dfrac{\varepsilon'}{\varepsilon_0} \cdot (\sqrt{1 + \tan^2\delta} - 1)}{2}} \tag{4-10}$$

$$p_0 = 2\pi \cdot f \cdot \varepsilon_0 \cdot \varepsilon'' \cdot E^2 \tag{4-11}$$

$$E^2 = \frac{4P_e}{a \cdot b \cdot \sqrt{1 - \left(\dfrac{\lambda}{2a}\right)^2}} \cdot \sqrt{\frac{\mu_0}{\varepsilon_0}} \tag{4-12}$$

$$\tan\delta = \frac{\varepsilon''}{\varepsilon'} \tag{4-13}$$

式中：f——微波频率，MHz；

　　c——光速，m/s；

　　ε'——高粱的相对介电常数；

　　$\tan\delta$——微波的损耗角正切；

　　ε_0——真空条件下的介电常数；

　　ε''——高粱的介电损耗因子；

　　E——微波电场强度，V/m；

　　P_e——磁控管输入微波后物料吸收的有效功率，W；

　　μ_0——真空中的磁导率，H/m；

　　a,b——矩形谐振腔横截面的边长，m；

　　λ——微波波长，m。

　　微波干燥高粱过程中，随着微波能逐渐转化为热能，微波能量也要衰减，且干燥的进行使高粱中的水分逐渐减少，使其进一步吸收微波的能力减弱，因此随着干燥过程的逐步进行，高粱实际吸收的微波能是逐步减少的。可以认为，随着干燥过程的进行，高粱吸收微波的有效功率在减小，因此有效吸收功率 P_e 是一个变化量，可以基于单因素试验数据估算 P_e 值变化。

　　单位质量干燥功率为 3 W/g、单次微波作用时间为 40 s、排湿风速为1.0 m/s、间歇比为 1∶3 是本书中具有代表性的微波干燥条件，以该试验条件获得的高粱物料含水率数据和温度数据为基础，以式（4-14）、式（4-15）为计算依据，可获得如表 4-1 所示的不同干燥时间时粳高粱籽粒吸收的有效微波功率。

$$Q = M \cdot C \cdot (T_2 - T_1) \qquad (4-14)$$

$$Q = P_e \cdot t \qquad (4-15)$$

式中:Q ——待干燥物料实现定量温升所需要的热量,J;

$\quad M$ ——待干燥物料的质量,kg;

$\quad C$ ——物料的比热容,J/(kg·℃);

$\quad T_1$、T_2 ——物料微波干燥前、后的温度,℃;

$\quad P_e$ ——待干燥物料实现定量温升所需要的有效功率,W;

$\quad t$ ——微波干燥时间,s。

表 4-1　不同干燥时间时粳高粱籽粒吸收的有效微波功率

干燥时间/s	0	40	80	160	240	320	400	480	560
有效功率/W	720.0	548.0	322.0	148.8	87.7	47.9	36.2	31.3	29.0

比热容 C 按照参考文献[95]中的相应数据进行取值。将表 4-1 的数据进行非线性曲线拟合,得到有效吸收功率 P_e 与微波干燥时间 t 的关系方程,如式(4-16)所示。拟合中的 $R^2 = 0.9994$,拟合效果良好,可信度较高。

$$P_e = 14.176 + \frac{707.23}{1 + \left(\dfrac{t}{71.439}\right)^{1.87}} \qquad (4-16)$$

对于球状样品,沿径向方向,单位体积吸收的微波能流为:

$$p''_r = \frac{p_0}{4\pi \cdot r^2} \cdot \exp\left[-2\beta \cdot (R-r)\right]$$

则微波功率密度为:

$$\Phi(r) = \frac{2p''_r}{r} + \frac{\partial p''_r}{\partial r} = \frac{\beta \cdot p_0}{2\pi \cdot r^2} \cdot \exp\left[-2\beta \cdot (R-r)\right] = \overset{\bullet}{q} \qquad (4-17)$$

式中:R ——球状粳高粱样品的平均半径,mm。

不考虑粳高粱籽粒在干燥过程中的变形,式(4-8)中 $\dfrac{\partial}{\partial \varphi}$、$\dfrac{\partial}{\partial \theta}$ 这两项可认为等于 0。粳高粱是球形物料,干燥过程中温度的扩散都是沿着半径方向进行的,因此传热方程为:

$$\rho \cdot C_p \cdot \frac{\partial T}{\partial t} = \frac{\beta \cdot p_0}{2\pi \cdot r^2} \cdot \exp[-2\beta \cdot (R - r)] + \frac{1}{r^2} \cdot \frac{\partial}{\partial r}\left(k \cdot r^2 \cdot \frac{\partial T}{\partial r}\right)$$

$$(4-18)$$

4.1.2.2　方程的初始条件和边界条件

传热方程初始条件：微波干燥过程中，$t = 0$ 时高粱物料的初始温度为 $T\big|_{t=0} = T_0 = 23$ ℃。

传热方程边界条件：$k \cdot \frac{\partial T}{\partial n}\big|_{\Gamma} + h_H(T_\infty - T) = 0$，各变量的含义见下节。

4.1.2.3　方程中的参数条件

（1）对流传热系数

依据参考文献[113]可得恒速干燥阶段对流传热系数公式：

$$h_H = 0.09962 v^{4.029} \cdot (T_g - T_s)^{1.09} \qquad (4-19)$$

式中：h_H——恒速干燥阶段对流传热系数，W/($m^2 \cdot$ ℃)；

　　　v——干燥物料放置处的空气流速，m/s；

　　　T_g，T_s——干球、湿球温度，℃。

本干燥试验中，干燥腔排湿口风速为 1.0 m/s（比较典型），此时物料层表面风速约为 0.65 m/s，因此 $v = 0.65$ m/s，干燥空间湿度约为 30% 时测得 $T_g = 42$ ℃，测得 $T_s = 26.5$ ℃，代入式(4-19)可得 $h_H \approx 0.33$ W/($m^2 \cdot$ ℃)。

（2）有效热导率

热导率反映物料本身的热传导能力，与物质的构成、结构、温度等因素有关，在固体物质的导热方程中有效热导率正比于热扩散系数，即：

$$k = \alpha \cdot \rho \cdot C_p \qquad (4-20)$$

式中：k——有效热导率，W/(m·K)；

　　　α——热扩散系数，m^2/s；

　　　ρ——物料密度，kg/m^3；

　　　C_p——比热容，J/(kg·℃)。

传热方程中的主要参数见表 4-2。

表4－2　传热方程中的主要参数

参数名称	符号	数值或表达式	单位
电磁波真空传播速度	c	3×10^8	m/s
微波频率	f	2450	MHz
真空中的磁导率	μ_0	1.26×10^{-6}	H/m
真空中的介电常数	ε_0	8.85×10^{-12}	
矩形谐振腔横截面的长度	a	0.63	m
矩形谐振腔横截面的宽度	b	0.61	m
微波波长	λ	0.1224	m
粳高粱的介电常数	ε'	式（2－3）	
粳高粱的介电损耗因子	ε''	式（2－4）	
微波的损耗角正切	$\tan\delta$	式（2－5）	
粳高粱物料密度	ρ	782.1	kg/m^3
物料的定压比热容	C_p	1910	J/(kg·℃)
有效热导率	k	0.153	W/(m·K)
对流传热系数	h_H	0.33	W/(m^2·℃)
物料初始温度	T_0	23	℃
物料表面温度	T_∞	23	℃

4.1.3　传质控制方程建立

4.1.3.1　传质方程

干燥过程中,物料的质量扩散指水分扩散。物料中的水分扩散是一个复杂的过程,可能涉及分子扩散、毛细流动、水力学流动或表面扩散等。若把这些水分迁移现象结合起来,则需要由非稳态菲克第二定律来分析,如式(4－21):

$$\frac{\partial m}{\partial t} = Deff \cdot \nabla^2 m \qquad (4-21)$$

式中: m ——物料的干基湿含量,kg/kg;

t ——时间,s;

$Deff$ ——物料有效扩散系数,m^2/s。

传质是混合物中组分的浓度差引起的质量传递。由扩散引起的传热和传质的物理机制是相同的,因此相应的速率方程应具有一致的形式。

　　某种组分进入一个控制容积的质量流率减去这种组分离开这个控制容积的质量流率必定等于这种组分在这个控制容积中的质量积聚速率。

　　基于流率的守恒方程：

$$\dot{M}_{\mathrm{A,in}} - \dot{M}_{\mathrm{A,out}} + \dot{M}_{\mathrm{A,g}} = \frac{\mathrm{d}M_{\mathrm{A}}}{\mathrm{d}t} = \dot{M}_{\mathrm{A,st}} \qquad (4-22)$$

式中：$\dot{M}_{\mathrm{A,st}}$ ——组分 A 在控制容积中的质量积聚速率，kg/s；

　　　　$\dot{M}_{\mathrm{A,in}}$ ——组分 A 进入控制容积的质量流率，kg/s；

　　　　$\dot{M}_{\mathrm{A,g}}$ ——组分 A 在控制容积中产生的质量流率，kg/s；

　　　　$\dot{M}_{\mathrm{A,out}}$ ——组分 A 离开控制容积的质量流率，kg/s。

　　图 4 - 3 所示为球状物料在球坐标系中进行传质分析的微元控制体，沿 r、φ、θ 方向会产生传质速率的变化。

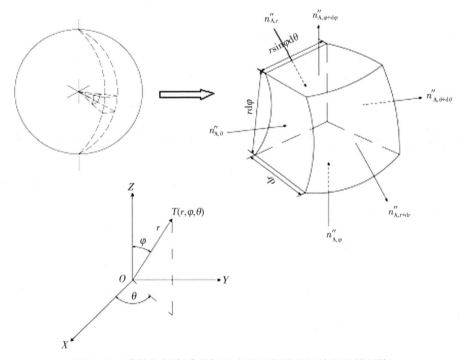

图 4 - 3　球状物料在球坐标系中进行传质分析的微元控制体

由图 4 – 3 可得：

$$\begin{cases} n''_{A,r+dr} = n''_{A,r} + \dfrac{\partial(n''_{A,r})}{\partial r} \cdot dr \\[3mm] n''_{A,\varphi+d\varphi} = n''_{A,\varphi} + \dfrac{\partial(n''_{A,\varphi})}{\partial \varphi} \cdot d\varphi \\[3mm] n''_{A,\theta+d\theta} = n''_{A,\theta} + \dfrac{\partial(n''_{A,\theta})}{\partial \theta} \cdot d\theta \end{cases} \qquad (4-23)$$

式中：$n''_{A,r}$、$n''_{A,\varphi}$、$n''_{A,\theta}$——组分 A 在 r、φ、θ 方向上进入各控制表面的传质速率，kg/s；

$n''_{A,r+dr}$、$n''_{A,\varphi+d\varphi}$、$n''_{A,\theta+d\theta}$——组分 A 在 r、φ、θ 方向上从控制体单元移出各相对控制表面的传质速率，kg/s。

$$\dot{M}_{A,in} - \dot{M}_{A,out} = -\frac{\partial(n''_{A,r})}{\partial r} \cdot dr - \frac{\partial(n''_{A,\varphi})}{\partial \varphi} \cdot d\varphi - \frac{\partial(n''_{A,\theta})}{\partial \theta} \cdot d\theta$$

因为 $\dot{M}_{A,g} = \dot{n}_A \cdot r^2 \cdot \sin\varphi \cdot dr \cdot d\varphi \cdot d\theta$，所以：

$$\dot{M}_{A,st} = \frac{dM_A}{dt} = \frac{\partial \rho_A}{\partial t} \cdot r^2 \cdot \sin\varphi \cdot dr \cdot d\varphi \cdot d\theta$$

代入式（4 – 22）可得：

$$\frac{\partial \rho_A}{\partial t} \cdot r^2 \cdot \sin\varphi \cdot dr \cdot d\varphi \cdot d\theta = \dot{n}_A \cdot r^2 \sin\varphi \cdot dr \cdot d\varphi \cdot d\theta - \frac{\partial(n''_{A,r})}{\partial r} \cdot dr -$$
$$\frac{\partial(n''_{A,\varphi})}{\partial \varphi} \cdot d\varphi - \frac{\partial(n''_{A,\theta})}{\partial \theta} \cdot d\theta \qquad (4-24)$$

同时，

$$\begin{cases} n''_{A,r} = -Deff \cdot r^2 \cdot \sin\varphi \cdot d\varphi \cdot d\theta \cdot \dfrac{\partial \rho_A}{\partial r} \\[3mm] n''_{A,\varphi} = -Deff \cdot \sin\varphi \cdot dr \cdot d\theta \cdot \dfrac{\partial \rho_A}{\partial \varphi} \\[3mm] n''_{A,\theta} = -\dfrac{1}{\sin\varphi} \cdot Deff \cdot dr \cdot d\varphi \cdot \dfrac{\partial \rho_A}{\partial \theta} \end{cases} \qquad (4-25)$$

可得传质方程：

$$\frac{\partial \rho_A}{\partial t} = \dot{n}_A + \frac{1}{r^2} \cdot \frac{\partial}{\partial r}\left(Deff \cdot r^2 \cdot \frac{\partial \rho_A}{\partial r}\right) + \frac{1}{r^2 \cdot \sin\varphi} \cdot \frac{\partial}{\partial \varphi}\left(Deff \cdot \sin\varphi \cdot \frac{\partial \rho_A}{\partial \varphi}\right) +$$

$$\frac{1}{r^2 \cdot \sin^2\varphi} \cdot \frac{\partial}{\partial\theta}(Deff \cdot \frac{\partial\rho_A}{\partial\theta})$$

因为组分 A(水分)在控制体单元内质量增加的速率 $\dot{n}_A = 0$,所以传质方程化为:

$$\frac{\partial m}{\partial t} = \frac{1}{r^2} \cdot \frac{\partial}{\partial r}(Deff \cdot r^2 \cdot \frac{\partial m}{\partial r}) + \frac{1}{r^2 \cdot \sin\varphi} \cdot \frac{\partial}{\partial\varphi}(Deff \cdot \sin\varphi \cdot \frac{\partial m}{\partial\varphi}) +$$
$$\frac{1}{r^2 \cdot \sin^2\varphi} \cdot \frac{\partial}{\partial\theta}(Deff \cdot \frac{\partial m}{\partial t}) \tag{4-26}$$

因为高粱籽粒近似为球体,同时假设物料是均匀的,微波干燥过程中微波作用也是均匀的,不考虑高粱在干燥过程中的籽粒变形,所以式(4-26)中 $\frac{\partial}{\partial\varphi}$、$\frac{\partial}{\partial\theta}$ 这两项可认为等于 0。高粱籽粒为近似球体,干燥过程中温度和水分的扩散都沿着半径方向进行,因此得到传质方程为:

$$\frac{\partial m}{\partial t} = \frac{1}{r^2} \cdot \frac{\partial}{\partial r}(Deff \cdot r^2 \cdot \frac{\partial m}{\partial r}) \tag{4-27}$$

4.1.3.2　方程的初始条件和边界条件

传质方程初始条件:微波干燥过程中,$t = 0$ 时高粱物料的初始干基湿含量为 $m\mid_{t=0} = m_0 = 30.5\%$。

传质方程边界条件:$Deff \cdot \frac{\partial m}{\partial n}\mid_\Gamma + h_n(m_\infty - m) = 0$,各变量的含义见下节。

4.1.3.3　方程中的参数条件

(1)对流传质系数

干燥过程中对流传质系数由式(4-28)计算:

$$\frac{M_t - M_e}{M_0 - M_e} = \exp\left(-\frac{h_n \cdot A}{V} \cdot t\right) \tag{4-28}$$

式中:M_t——微波干燥 t 时刻的物料含水率,kg/kg;

M_e——干燥结束时物料的含水率,kg/kg;

M_0——物料的初始含水率,kg/kg;

h_n——对流传质系数;

A——物料蒸发的表面积,m²;

V ——物料的体积,m^3。

本试验属于薄层干燥试验,容纳物料的料盘为高 1 cm、直径 50 cm 的圆盘,因此物料蒸发的表面积可以用物料层上表面积近似代替,故对式(4 – 28)进行变换可得:

$$h_n = -\frac{1}{t} \cdot \frac{V}{A} \cdot \ln\left(\frac{M_t - M_e}{M_0 - M_e}\right) = -\frac{1}{t} \cdot \delta \cdot \ln\left(\frac{M_t - M_e}{M_0 - M_e}\right) \quad (4-29)$$

式中:δ ——物料层的厚度,m,本试验取物料层厚度约为 0.007 m;

t ——微波作用时间,s。

选取单位质量干燥功率为 3 W/g 下的含水率试验数据,按照式(4 – 29)计算不同干燥时间下的对流传质系数,并进行非线性曲线拟合,得到对流传质系数拟合公式:

$$h_n = 1.668 \times 10^{-5} + 7.146 \times 10^{-8} \times e^{\left(\frac{t}{112.053}\right)} - 1.435 \times 10^{-5} \times e^{\left(\frac{-t}{317.744}\right)}$$

$$(4-30)$$

(2)有效水分扩散系数

有研究人员提出:假设内部质量转移控制整个干燥机制,并在一个无限平板上进行一维传递过程,而且样品的初始水分含量是相同的,同时水分扩散恒定,则可满足式(4 – 31)。针对长时间的干燥过程,展开式(4 – 31)可以得到式(4 – 32):

$$MR = \frac{M_t - M_e}{M_0 - M_e} = \frac{8}{\pi^2}\sum_{n=0}^{\infty}\frac{1}{(2n+1)^2}\exp\left[\frac{-(2n+1)^2 \cdot \pi^2 \cdot Deff}{4L^2} \cdot t\right]$$

$$(4-31)$$

$$MR = \frac{8}{\pi^2}\exp\left(\frac{-\pi^2 \cdot Deff}{4L^2} \cdot t\right) \quad (4-32)$$

对式(4 – 32)两边取对数,可得式(4 – 33):

$$\ln MR = \ln\frac{8}{\pi^2} - \frac{\pi^2 \cdot Deff}{4L^2} \cdot t \quad (4-33)$$

式中:MR ——粳高粱在 t 时刻的水分比;

$Deff$ ——粳高粱的有效水分扩散系数,m^2/s;

t ——时间,s;

L ——薄层干燥粳高粱籽粒厚度,m,由 2.1.1 节可知,取等效直径 4×10^{-3} m。

由表 3 - 4 可知 $\ln MR - t$ 具有较好的线性关系。依据式(4 - 34)可计算出不同微波干燥条件下的有效水分扩散系数 $Deff$ ，见表 4 - 3。

$$Deff = \frac{4r \cdot L^2}{\pi^2} \tag{4 - 34}$$

式中：r ——$\ln MR - t$ 拟合方程的斜率。

表 4 - 3　不同微波干燥条件下的有效水分扩散系数

干燥参数		r	$Deff/(\mathrm{m}^2 \cdot \mathrm{s}^{-1})$
单位质量干燥功率/($\mathrm{W} \cdot \mathrm{g}^{-1}$)	2	0.00096	6.25×10^{-9}
	3	0.00134	8.70×10^{-9}
	4	0.00148	9.60×10^{-9}
	5	0.00153	9.92×10^{-9}
	6	0.00164	1.06×10^{-8}
排湿风速/($\mathrm{m} \cdot \mathrm{s}^{-1}$)	0.5	0.00131	8.49×10^{-9}
	1.0	0.00135	8.75×10^{-9}
	1.5	0.00139	9.01×10^{-9}
	2.0	0.00141	9.14×10^{-9}
	2.5	0.00135	8.75×10^{-9}
间歇比	1:1	0.00127	8.24×10^{-9}
	1:2	0.00135	8.75×10^{-9}
	1:3	0.00131	8.49×10^{-9}
	1:4	0.00130	8.43×10^{-9}
	1:5	0.00129	8.37×10^{-9}

由表 4 - 3 可以看出，随着单位质量干燥功率在 2 ~ 6 W/g 范围内逐渐增大，粳高粱籽粒的有效水分扩散系数在 6.25×10^{-9} ~ 1.06×10^{-8} m^2/s 范围内逐渐增大，变化较显著，表明单位质量干燥功率对有效水分扩散系数影响大。其原因可能为：随着单位质量干燥功率的增大，物料受到微波作用的强度增大，物料温度升高，使有效水分扩散系数明显增大。当排湿风速在 0.5 ~ 2.5 m/s、间歇比在 1:1 ~ 1:5 范围内变化时，有效水分扩散系数分别在 8.49×10^{-9} ~

9.14×10^{-9} m^2/s 和 $8.24 \times 10^{-9} \sim 8.75 \times 10^{-9}$ m^2/s 范围内变化,表明排湿风速对有效水分扩散系数产生一定的影响,间歇比对有效水分扩散系数影响较小。

(3)干燥温度对有效水分扩散系数的影响

依据阿伦尼乌斯方程,采用逆推法计算粳高粱有效水分扩散系数,如式(4-35)所示。在改变单位质量干燥功率的干燥试验中确定不同条件下的物料平均温度,并线性拟合 $\ln Deff - 1/T$ 方程,进而确定 D_0 和 E_a ,获得干燥温度与有效水分扩散系数间的关系方程。

$$Deff = D_0 \cdot \exp\left(-\frac{E_a}{R \cdot T}\right) \tag{4-35}$$

式中:D_0——有效扩散系数指前因子,m^2/s;

E_a——扩散活化能,kJ/mol;

R——理想气体常数,kJ/(mol·K),取 0.008314 kJ/(mol·K);

T——干燥温度,K;

$Deff$——粳高粱有效水分扩散系数,m^2/s。

将式(4-35)变换为式(4-36):

$$\ln Deff = \ln D_0 - \frac{E_a}{R} \cdot \frac{1}{T} \tag{4-36}$$

本试验中,单位质量干燥功率对物料温度影响较显著,以单位质量干燥功率对温度影响的试验数据进行线性拟合,可得 $D_0 = 3.2655$ m^2/s , $E_a = 54.506$ kJ/mol ,决定系数 $R^2 = 0.97245$,因此可得有效水分扩散系数与干燥温度关系的方程为:

$$Deff = 3.2655 \times \exp\left[\frac{-54.506}{0.008314 \times (T + 273.15)}\right] \tag{4-37}$$

式中:T——干燥温度,℃;

传质方程中的其他主要参数见表4-4。

表4-4　传质方程中的其他主要参数

参数名称	符号	数值或表达式	单位
物料的初始干基湿含量	m_0	0.305	kg/kg(d.b)
空气相对湿含量	m_∞	0.140	kg/kg(d.b)

4.2　传热传质模型仿真分析

4.2.1　传热传质方程的离散化

对式(4-18)和式(4-27)采用有限单元分析方法,将连续的方程化为离散的方程求解。如图4-4所示,球状物料在径向都对称,以经过球心的任意圆面作为分析对象,并取 OJM 围成的四分之一圆作为有限单元进行数值计算,图中 A、B、C、D、E 为非坐标轴上沿同半径方向等间距分布的五个点。采用外节点法求解离散化方程。离散化过程中可得到节点、控制区域、界面及网格线等几何要素。外节点法的节点位于子区域的角顶上,划分子区域的曲线簇即为网格线。

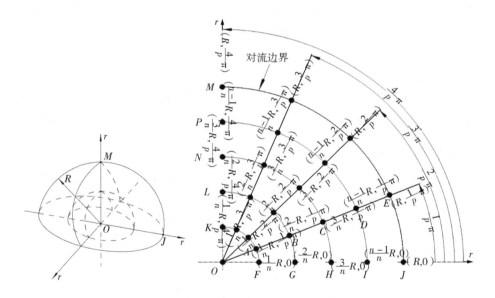

图4-4　球形粳高粱物料单元及节点离散化示意图

为了研究不同半径对粳高粱籽粒干燥特性的影响,如图4-4所示,选取水平径向的 F、G、H、I、J 五点,以及垂直径向的 K、L、N、P、M 五点为代表进行离散化分析。模拟计算中时间步长为 Δt,r 方向的网格步长为 Δr,利用经典显示差分格式将其带入传热传质方程式(4-18)和式(4-27)中,得到传热、传质离散差分方程分别为式(4-38)和式(4-39)。

$$m_{i,j}^{k+1} = Deff \cdot \Delta t \cdot \left[\frac{2(m_{i+1,j}^k - m_{i,j}^k)}{i \cdot (\Delta r)^2} + \frac{m_{i+1,j}^k - 2m_{i,j}^k + m_{i-1,j}^k}{(\Delta r)^2} \right] + m_{i,j}^k$$

$$(4-38)$$

$$T_{i,j}^{k+1} = \frac{\Delta t}{\rho \cdot C_p} \cdot \Phi(r) + \frac{K \cdot \Delta t}{\rho \cdot C_p} \cdot \left[\frac{2(T_{i+1,j}^k - T_{i,j}^k)}{i \cdot (\Delta r)^2} + \frac{T_{i+1,j}^k - 2T_{i,j}^k + T_{i-1,j}^k}{(\Delta r)^2} \right] + T_{i,j}^k$$

$$(4-39)$$

4.2.2 平均温度和平均湿含量的计算

假设在干燥过程中物料断面上的温度、水分分布是均匀的,则可用平均温度代替物料温度;假设物料内部水分直接蒸发且以蒸汽扩散为主,则可用平均湿含量代替物料的表面湿含量。平均温度和平均湿含量的变化能有效代表整个物料温度、湿含量的变化规律。物料平均温度、平均湿含量的计算以节点作为控制容积的代表,如前所述物料的密度不变。以图4-4为例,对于半径为R的球形物料,对过其球心的任意圆形剖面进行以圆心为端点的扇形面节点划分,半径r方向将R划分成n等份,沿2π角度方向逆时针划分成$2p$等份,每个逆时针角度为π/p,理论上$n \geq 2$、$p \geq 1$,实际上为了保证计算的精度,n、p值不宜偏小。任意节点处的温度和湿含量分别用对应节点的极坐标表示。物料平均温度和平均湿含量分别用$\bar{T}$和$\bar{m}$表示,则有:

$$\rho \cdot \bar{m} \cdot \pi R^2 = \rho \cdot \sum_{i=1}^{n} \frac{1}{2p} \cdot \pi \left[\frac{(2i-1) \cdot R^2}{n^2} \right] \cdot \sum_{j=1}^{2p} m\left(\frac{i}{n}R, \frac{j}{p}\pi \right)$$

$$\rho \cdot \bar{T} \cdot \pi R^2 = \rho \cdot \sum_{i=1}^{n} \frac{1}{2p} \cdot \pi \left[\frac{(2i-1) \cdot R^2}{n^2} \right] \cdot \sum_{j=1}^{2p} T\left(\frac{i}{n}R, \frac{j}{p}\pi \right)$$

因此平均温度为:

$$\bar{T} = \sum_{i=1}^{n} \frac{1}{2p} \cdot \frac{(2i-1)}{n^2} \cdot \sum_{j=1}^{2p} T\left(\frac{i}{n}R, \frac{j}{p}\pi \right) \qquad (4-40)$$

平均湿含量为:

$$\bar{m} = \sum_{i=1}^{n} \frac{1}{2p} \cdot \frac{(2i-1)}{n^2} \cdot \sum_{j=1}^{2p} m\left(\frac{i}{n}R, \frac{j}{p}\pi \right) \qquad (4-41)$$

4.2.3　模型仿真方法及流程

　　针对前述建立的传热传质模型方程及其离散化方程，采用 MATLAB 软件进行模拟仿真，用 PDE 工具模块进行仿真计算，分析仿真结果，获得粳高粱单个籽粒内部水分和温度的变化规律。基本的仿真流程如图 4 – 5 所示。

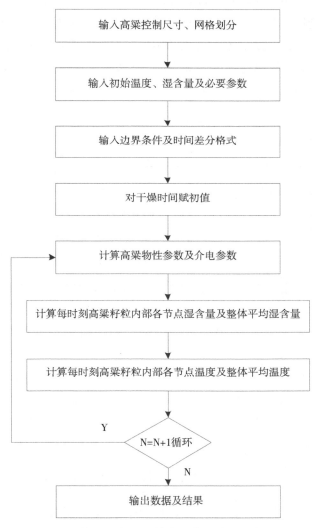

图 4 – 5　基于 MATLAB 的传热传质模型仿真流程

4.2.4 仿真结果与讨论

4.2.4.1 粳高粱籽粒温度分布及变化规律

基于传热模型方程,当单位质量干燥功率分别为 2 W/g、3 W/g 时,模拟仿真单个粳高粱籽粒内部 A、B、C、D、E 五点的温度分布和变化规律。

如图 4-6 所示,点 A、B、C、D、E 代表粳高粱球形籽粒内部任意半径上的五个均布点,与图 4-4 一致,点 A 距离籽粒中心最近,点 E 处于籽粒外表面。在 2 W/g 条件下,粳高粱经过微波干燥 640 s 后干燥结束。图 4-6(a)、(b)、(c) 分别为微波干燥前 40 s、前 160 s 和微波干燥 640 s 时的籽粒内部温度分布。

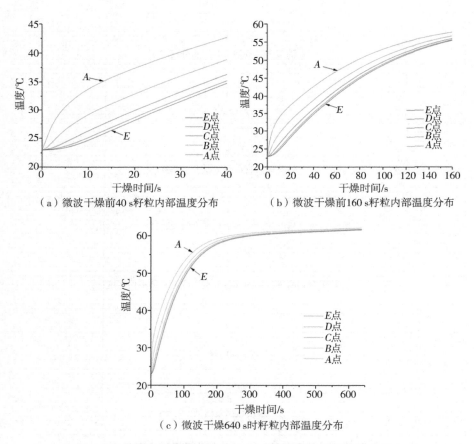

（a）微波干燥前40 s籽粒内部温度分布

（b）微波干燥前160 s籽粒内部温度分布

（c）微波干燥640 s时籽粒内部温度分布

图 4-6　单位质量干燥功率为 2 W/g 条件下籽粒内部温度分布

　　由图 4 - 6(a)可知:随着时间的增加,籽粒内部五个点的温度变化趋势不同。E、D 两点的温度在前 3 s 内基本不变,然后缓慢升高再趋于稳定升高;C 点的温度先缓慢升高再趋于稳定升高;B 点温度先快速升高再减缓升高趋于稳定;A 点温度先快速升高再减缓升高趋于稳定。其原因为:E 点为籽粒表层上的点,D 点距离表层近,微波作用于籽粒后,在较短时间内,表层水分吸热的同时也在蒸发,吸热量与蒸发散热量基本相近,因此 E、D 两点有短暂的温度不变阶段;随着微波干燥时间的进一步增加,中心区域热量逐步传递到表层,同时表层水分也有一定量的吸热,此时尽管表层的水分蒸发散热也在不断增强,但综合来看表层热量积累大于水分蒸发散热量,因此 E、D 两点的温度逐步升高并趋于相对稳定;C 点距离表层稍远,水分蒸发损失较小,因此温度先缓慢升高再趋于稳定升高;A、B 两点距离籽粒中心较近,在微波内热源的作用下,两点的温度都先快速升高再减缓趋于稳定升高,A 点的温度比 B 点升高得更快。

　　上述分析表明,在微波干燥内热源起主导作用的前提下,籽粒从表层到中心区域在预热阶段(前 40 s)存在较大的温度梯度,中心区域温度最高,表层最低;预热段前期(0 ~ 10 s),温度增速从中心区域到表层逐渐减小,越靠近中心区域温度升高越快,越靠近表层温度升高越慢;预热段中后期(10 ~ 40 s),表层到中心区域各点温度的增速趋于稳定。

　　由图 4 - 6(b)、(c)可知:随着微波干燥时间的增加,籽粒表层(E 点)与中心区域(A 点)之间的温差先逐渐增大再逐渐减小,直至籽粒内外温差变得很小,即内外温度达到基本相近。由表 4 - 5 可知:干燥 16 s 时 A 点和 E 点温差达到最大值 9.438 ℃;干燥 300 s 时,温差为 0.787 ℃;到干燥 640 s 结束时,温差为 0.582 ℃。

表 4 - 5　单位质量干燥功率为 2W/g 条件下籽粒内 A 点和 E 点温差

干燥时间/s	0	5	16	40	160	300	640
A 点和 E 点温差/℃	0	7.229	9.438	7.921	2.284	0.787	0.582

　　A 点和 E 点温差变化的原因为:物料干燥前,籽粒内外温度都为室温,受到微波作用后,籽粒内外同时受到热作用,E 点至 A 点间任一点的温度都升高。基于微波干燥的内热源作用、干燥物料初始含水率较高及表层蒸发导致热量损

失,A 点的温度增速先高于 E 点,A 点与 E 点的温差先逐渐增大;随着干燥过程的进行,籽粒内部水分逐步迁移出籽粒,含水率逐步下降,吸收微波能力减弱,使得 A 点的温度增速逐渐下降,而 E 点虽然因水分蒸发而损失部分热能,但中心区域的热量不断传递到表层,因此 E 点的温度增速能保持较长时间的稳定上升,导致 E 点与 A 点的温差逐渐减小;在干燥后期,E 点及 A 点的含水率都偏低,表层与中心区域的温度增速都大大减小,温差进一步减小,使 A 点温度接近 E 点温度,表明干燥结束时籽粒内外温差已经很小。

整体看,随着微波干燥时间的增加,干燥前期,A 点温度明显高于 E 点温度;干燥中期,A 点温度较高于 E 点温度;干燥后期,A 点温度接近 E 点温度。

整体而言,随着微波干燥时间的增加,E 点到 A 点间任一点的温度都呈现出先快速升高再缓慢升高最后趋于稳定的变化规律,这与微波干燥试验时 E 点的温度变化规律基本一致。其原因为:干燥初期,籽粒整体含水率高,吸收微波能力强,因此籽粒温度升高较快;干燥中期,籽粒含水率下降较多,吸收微波能力减弱,籽粒温度升高变缓;干燥后期,籽粒含水率已经偏低,此时吸收微波能力进一步减弱,但籽粒吸收微波能产热量与水分蒸发散热量基本相近,因此籽粒温度趋于稳定。

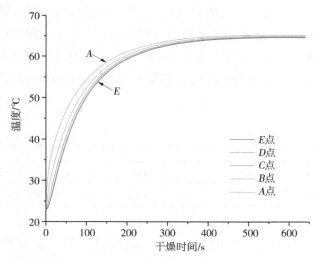

图 4-7　单位质量干燥功率为 3 W/g 条件下微波干燥 640 s 时籽粒内温度分布

单位质量干燥功率为 3 W/g 条件下微波干燥 640 s 时籽粒内温度分布如图 4 - 7 所示。总体看,随着干燥时间的增加,籽粒内部 E、D、C、B、A 五点的温度变化规律与图 4 - 6 中的变化规律基本一致。比较图 4 - 6(c)和图 4 - 7,微波干燥 640 s 时,单位质量干燥功率为 2 W/g 时籽粒 E 点、A 点的最高温度分别为 61.55 ℃和 62.13 ℃;单位质量干燥功率为 3 W/g 时籽粒 E 点、A 点的最高温度分别为 64.52 ℃和 65.13 ℃。这表明随着单位质量干燥功率的增大,籽粒的温度逐渐升高,这种变化趋势与图 3 - 3(c)的试验结论一致。

4.2.4.2　粳高粱籽粒湿含量分布与变化规律

基于传质模型方程,当单位质量干燥功率分别为 2 W/g、3 W/g 时,模拟仿真单个粳高粱籽粒 A、B、C、D、E 五点的干基湿含量分布和变化规律。在单位质量干燥功率为 2 W/g 的条件下,粳高粱经过微波干燥 840 s 后干燥结束。图 4 - 8(a)、(b)、(c)分别为微波干燥前 80 s、前 640 s 和微波干燥 840 s 时的籽粒内干基湿含量分布,粳高粱初始干基湿含量为 0.3050 kg/kg。

如图 4 - 8(a)所示:单位质量干燥功率为 2 W/g、干燥时间为 0 ~ 80 s 时,随着干燥时间的增加,籽粒表层到中心区域 E、D、C、B、A 五个点的干基湿含量下降幅度逐渐减小;干燥 80 s 时,A、B、C、D、E 五点的干基湿含量分别下降到 0.3023 kg/kg、0.2988 kg/kg、0.2881 kg/kg、0.2698 kg/kg、0.2312 kg/kg,表明籽粒表层干基湿含量下降最快,中心区域干基湿含量下降最慢。

由图 4 - 8(b)、(c)可知:随着干燥时间的增加,籽粒内部 D 点至 A 点的干基湿含量下降过程都表现出较明显的三个干燥阶段,即预干燥、恒速干燥和降速干燥;E 点的干基湿含量下降过程表现为恒速干燥和降速干燥两个阶段。其主要原因为:E 点受热后水分蒸发直接加速,没有明显的预热过程,因此不存在预干燥阶段;籽粒内部存在逐渐的热量累积,干燥初期水分蒸发较慢,干基湿含量下降缓慢,因此存在预干燥阶段。对于整个粳高粱籽粒而言,除了籽粒表层外,籽粒内部任一点的干基湿含量下降都包括预干燥、恒速干燥和降速干燥三个阶段,这与图 3 - 3(a)的试验结论一致。

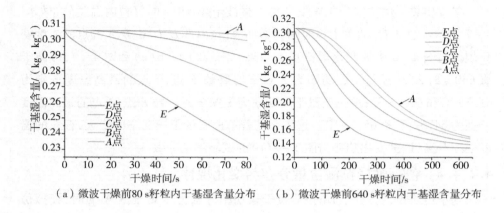

（a）微波干燥前80 s籽粒内干基湿含量分布　　（b）微波干燥前640 s籽粒内干基湿含量分布

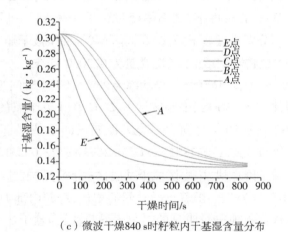

（c）微波干燥840 s时籽粒内干基湿含量分布

图4-8　单位质量干燥功率为2 W/g条件下籽粒内干基湿含量分布

　　总体看,随着干燥时间的增加,A 点和 E 点干基湿含量差先逐渐增大再逐渐减小,待干燥结束时,两点的干基湿含量差已经很小。如表4-6所示,微波干燥179 s时,A 点和 E 点干基湿含量差达到最大值0.1038 kg/kg;微波干燥840 s时,A 点和 E 点干基湿含量差为0.0042 kg/kg。这表明干燥结束时粳高粱籽粒内外干基湿含量差已经很小,水分含量基本相近。

表 4-6　单位质量干燥功率为 2 W/g 条件下籽粒内 A 点和 E 点干基湿含量差

干燥时间/s	0	40	80	179	300	640	840
A 点和 E 点干基湿含量差/(kg·kg^{-1})	0	0.0383	0.0701	0.1038	0.0809	0.0154	0.0042

如图 4-9 所示,当单位质量干燥功率为 3 W/g 时,总体看,随着干燥时间的增加,籽粒表层和中心区域之间干基湿含量的变化规律与图 4-8 表现的规律基本一致,这里不再赘述。对比图 4-8(b)和图 4-9,总干燥时间都是 640 s;当干燥时间相同时,单位质量干燥功率为 2 W/g 时的干基湿含量下降幅度要小于单位质量干燥功率为 3 W/g 时;单位质量干燥功率为 2 W/g、干燥 640 s 时,A 点和 E 点干基湿含量差为 0.0156 kg/kg;单位质量干燥功率为 3 W/g、干燥 640 s 时,A 点和 E 点干基湿含量差为 0.0064 kg/kg。这表明当其他干燥条件相同时,籽粒的干燥效率在单位质量干燥功率为 3 W/g 时比 2 W/g 条件下要大,这与图 3-3(a)的试验结论一致。

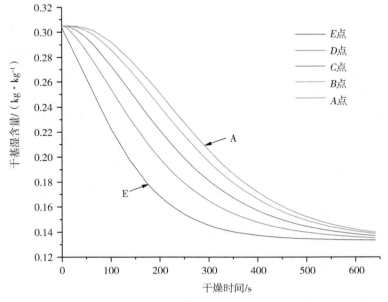

图 4-9　单位质量干燥功率为 3 W/g 条件下微波干燥 640 s 时籽粒内干基湿含量分布

综上可以做出这样的推理:在粳高粱籽粒内部物质和孔隙分布均匀且各向同性的假设条件下,将粳高粱籽粒近似看作球体,从球心到球外表面任意半径上均匀分布 A、B、C、D、E 五个点,五个点到球心的距离分别为 r_A、r_B、r_C、r_D、r_E,分别以其为半径可获得五个球面,A、B、C、D、E 分别是这五个球面上的点,因此这五个点温度和干基湿含量随时间变化的规律就是这五个球面上任意点的变化规律。一个高粱籽粒的球体半径可以分成若干个点,即球体可以分成若干个球面,若干个球面堆叠成一个球体。因此,对球形或近似球形的物料进行干燥时,可以用若干个球面将球形物料分割,采用这样的"球面分层"观点来研究球形物料内部任意点或任意球面上温度和干基湿含量随时间变化的规律。

4.2.5 模型试验验证

4.2.5.1 粳高粱籽粒干基湿含量验证

在微波干燥试验中,籽粒干基湿含量(含水率)的测定是对多个粳高粱籽粒的破碎粉末混合体进行测试的,即测试结果为干燥过程中籽粒总体的平均干基湿含量(平均含水率)。因此,下面对平均干基湿含量预测值与试验值进行对比分析,试验原理、方法与微波干燥单因素试验相同,见 3.1.2 节。

如图 4-10 所示,单位质量干燥功率为 2 W/g、3 W/g 时,随着干燥时间的增加,粳高粱籽粒的平均干基湿含量预测值与试验值总体变化趋势基本相似。在干燥起始阶段和干燥末期,预测值和试验值比较接近;在干燥中间阶段,试验值大于预测值。

在干燥中间阶段,随着干燥时间的增加,预测值与试验值的差值先逐渐增大再逐渐减小。单位质量干燥功率为 2 W/g 时,预测值与试验值的最大差值为 0.04005 kg/kg;单位质量干燥功率为 3 W/g 时,预测值与试验值的最大差值为 0.02130 kg/kg。这表明在干燥中间阶段,由传热模型计算的粳高粱籽粒表层温度的预测值小于试验值。

分别对单位质量干燥功率为 2 W/g、3 W/g 时的干基湿含量预测模型曲线进行曲线拟合,可得到相应的拟合方程。单位质量干燥功率为 2 W/g 时,$M_{预测} = 0.1384 + 0.1666/[1 + (t/312.4)^3]$,$R^2 = 0.9942$;单位质量干燥功率为 3 W/g 时,$M_{预测} = 0.14 + 0.165/[1 + (t/262.4)^3]$,$R^2 = 0.9903$。

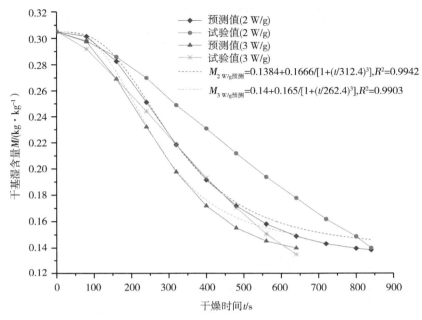

图 4 - 11　不同单位质量干燥功率时籽粒内部干基湿含量预测值与试验值的比较

4.2.5.2　粳高粱籽粒温度验证

在微波干燥试验中,采用红外测温仪或热像仪测定粳高粱籽粒表面的温度。籽粒较小,而且籽粒表层存在一薄层硬皮,目前针对籽粒内部不同位置点的温度测定还存在困难。由图 4 - 6、图 4 - 7 可知,粳高粱籽粒表面及内部五个点的温度变化趋势基本一致,且干燥后期五个点的温度也趋于相近,因此下面只验证粳高粱籽粒表层(E 点)温度的预测值与试验值的对比情况,试验原理、方法见 3.1.2 节。

如图 4 - 11 所示,单位质量干燥功率为 2 W/g、3 W/g 时,随着干燥时间的增加,粳高粱籽粒表层温度的预测值和试验值总体变化趋势基本相似。在干燥起始阶段和干燥末期,预测值与试验值基本吻合;在干燥中间阶段,预测值大于试验值。

随着干燥时间的增加,籽粒表层温度预测值与试验值的差值先逐渐增大再逐渐减小。单位质量干燥功率为 2 W/g 时,预测值与试验值的最大差值为 4.4 ℃;单位质量干燥功率为 3 W/g 时,预测值与试验值的最大差值为 4.2 ℃。

这表明在干燥中间阶段,由传热模型计算粳高粱籽粒表层温度的预测值大于试验值。

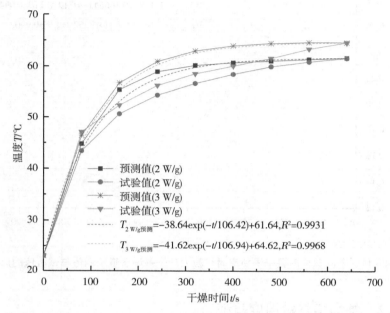

图 4-11　不同单位质量干燥功率时籽粒表层温度预测值与试验值的比较

分别对单位质量干燥功率为 2 W/g、3 W/g 时的温度预测模型曲线进行曲线拟合,可得到相应拟合方程。单位质量干燥功率为 2 W/g 时,$T_{预测} = -38.64\exp(-t/106.42) + 61.64$,$R^2 = 0.9931$;单位质量干燥功率为 3 W/g 时,$T_{预测} = -41.62\exp(-t/106.94) + 64.62$,$R^2 = 0.9968$。

第 5 章　粳高粱微波干燥的主要品性指标筛选

物料干燥后品质指标和性能指标的变化是干燥研究的重要内容。为了探明微波干燥条件参数对粳高粱主要品质指标和性能指标的影响规律,为粳高粱间歇式微波干燥工艺参数的优化研究奠定基础,本章将对微波干燥后粳高粱的主要品质指标和性能指标进行分析,筛选出被干燥条件参数影响显著的品性指标。

5.1　试验方法及试验安排

本章以第 3 章粳高粱薄层微波干燥单因素试验为基础,对该试验获得的不同微波干燥条件下的样品进行相关品质指标测定,对主要性能指标进行分析。

5.2　试验材料、试剂及仪器设备

通过分析前期预试验样品的初步品质可知,干燥条件参数对粳高粱淀粉的黏度、衰减值和回生值等有较大影响,为了使筛选结果有较好的普遍意义,因此本章筛选淀粉黏度、衰减值和回生值时选择龙杂 10 和凤杂 42 两个品种;筛选其他品质指标时选择龙杂 10 一个品种。粳高粱品质指标测定使用的主要试剂包括柠檬酸铁铵、氢氧化钠(分析纯)、溴化钾(光谱级)、二甲基酰胺、标准单宁酸溶液(浓度为 2 g/L)、硫酸钾(分析纯)、碘化钾(分析纯)、乙酸钠(分析纯)、

GOPOD 试剂、80% 乙醇、氢氧化钾(分析纯)、氨水、98% 浓硫酸、硫酸铜(分析纯)、葡萄糖标液、乙酸(分析纯)、α - 淀粉酶、淀粉葡糖苷酶等,主要仪器设备见表 5 - 1。

表 5 - 1　主要仪器设备

仪器设备名称	型号或主参数
电热鼓风干燥箱	DGG - 9053A
水分分析仪	MB25
紫外 - 可见分光光度计	T6
全自动凯氏定氮仪	BUCHI - K370
精密电子天平	LS6200C
台式离心机	TGL16B
pH 计	S220
分析天平	AR2140
电热恒温水浴锅	DK - S24
质谱仪	Q Exactive
傅里叶红外光谱仪	Frontier
差示热值扫描仪	Q2000
快速黏度分析仪	RVA4500
场发射扫描电子显微镜	SU8020

5.3　主要品性指标

　　粳高粱的品性指标包括品质指标和性能指标。本章中的主要品质指标包括单宁含量、总蛋白含量、总淀粉及直链淀粉含量、淀粉颗粒形貌、淀粉官能团,淀粉黏度、衰减值及回生值,以及淀粉相变温度和糊化熵等;主要性能指标包括单位能耗、终了含水率、平均干燥速率和发芽率。

5.3.1　单宁含量

单宁为复杂的高分子多元酚类化合物,少量的单宁对发酵过程中的有害微生物有一定的抑制作用,且能生成单宁衍生物酚类化合物,赋予高粱白酒以特殊香味。但是,单宁有收敛作用,能凝固蛋白质,使之无法进行正常的糖化发酵。一般认为,北方粳高粱籽粒单宁含量为 0.5%~1.5% 较好。粳高粱单宁含量的测定按照《高粱　单宁含量的测定》(GB/T 15686—2008)进行。

按照《高粱　单宁含量的测定》(GB/T 15686—2008)的步骤绘制标定曲线。图 5 – 1 所示为单宁酸标定曲线,$R^2 = 0.9988$,可信度较高。

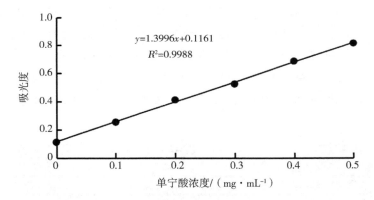

图 5 – 1　单宁酸标定曲线

按照《高粱　单宁含量的测定》(GB/T 15686—2008)对未经微波干燥样品、不同微波干燥条件下获得的干燥样品进行单宁含量测试。图 5 – 2 为测试过程中,物料溶液经离心后提取的上清液及试验前配制的 8.0 g/L 的氨水、3.5 g/L 的柠檬酸铁铵、75% 的二甲基酰胺溶液,其中柠檬酸铁铵需要在使用前 24 h 配制好。

图 5-2　离心后提取的上清液及配制的氨水、柠檬酸铁铵、二甲基酰胺溶液

5.3.2　总蛋白含量

　　粳高粱中的蛋白质会在发酵过程中被蛋白酶分解为氨基酸,成为微生物生长的重要营养物质。蛋白质含量适当,则微生物生长旺盛,酶的活性也高;蛋白质含量过高,则发酵过程中由氨基酸生成的杂醇油偏高,影响酒的质量。如图5-3 所示,龙杂 10 粳高粱总蛋白含量的测试方法为凯氏定氮法,具体参照《食品安全国家标准 食品中蛋白质的测定》(GB 5009.5—2016)执行。

图 5-3　凯氏定氮法测量高粱总蛋白含量

5.3.3　总淀粉及直链淀粉含量

　　淀粉是产生乙醇的主要物质,高粱籽粒中淀粉含量越多,出酒率就越高。同时,出酒量、质量与高粱的直链、支链淀粉含量有直接关系。一般来说,支链淀粉含量高,对于酒质和出酒量有利。高粱含有较多的支链淀粉,有利于后期蒸煮糊化,对于保证出酒量有一定的好处。高粱籽粒中淀粉是胚乳的主要成分,籽粒内部结构以及淀粉的出粉率、溶解性、膨胀率、糊化性能、热特性与白酒

的发酵有直接关系。

淀粉根据葡萄糖的连接形式不同可分为直链淀粉和支链淀粉。直链淀粉主要是由葡萄糖经过 α - 1,4 糖苷键连接成的线性多聚物;支链淀粉主要是由葡萄糖经过 α - 1,4 糖苷键和 α - 1,6 糖苷键连接而成的分支多聚物。不同来源的淀粉的直链淀粉含量、淀粉结构、淀粉性质都有明显的差异,因此在生产与应用中也有明显的不同。本次测试的是龙杂 10 粳高粱淀粉。

5.3.3.1　带皮粳高粱淀粉的提取

如图 5 - 4 所示,用小型粉碎机将粳高粱籽粒粉碎到一定细度,过 80 目筛,获得粳高粱粉末 200 g;按照料液比为 1∶3 的要求,取蒸馏水 600 mL,加入 2.4 g 氢氧化钠充分搅拌,配制成 0.4% 的氢氧化钠溶液;将 200 g 粳高粱粉末倒入 600 mL 0.4% 氢氧化钠溶液中,充分搅拌,混合均匀;将上述混合液放入水浴锅中在 40 ℃下机械搅拌 4 h,取出搅拌液,冷却至室温;将料液倒入若干个较大的离心管中,配平质量,在小型离心机上进行离心(转速为 4000 r/min,时间为 10 min),离心结束后去除非淀粉层,保留有淀粉的料层,再重复离心两次,保留有用淀粉料;向淀粉料中加蒸馏水混合,倒入若干个较小的离心管中,配平质量,在小型离心机上继续进行离心,去除杂料,重复如上操作,直至获得浅白色淀粉料液;将淀粉液酸碱度调至中性;在 40 ℃干燥箱中干燥 12 ~ 24 h,获得最终的白色淀粉粉末备用。

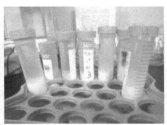

（a）水浴锅中搅拌　　　　（b）多次离心后获得的　　　（c）40 ℃干燥后的淀粉
4 h粳高粱溶液　　　　　　　淀粉水溶液

图 5 - 4　带皮粳高粱淀粉的提取

5.3.3.2 总淀粉含量、直链淀粉含量的测定

（1）总淀粉含量的测定

用研钵将样品研磨分散,过100目筛;称取100 mg样品于15 mL试管中,加入4 mL 80%乙醇,于70 ℃放置2 h,涡旋混匀;12000 r/min离心10 min,弃上清液;加入4 mL 80%乙醇,重复上述操作3次,倒出上清液,去除多余液体;试管冰浴,加入2 mL氢氧化钾,混匀,振荡20 min;加入8 mL 1.2 mol/L乙酸钠缓冲液,混匀,立即加入0.1 mL淀粉葡糖苷酶,于50 ℃孵育30 min,涡旋混匀;将试管中的全部液体转移到100 mL容量瓶中,用蒸馏水调节体积至100 mL;取0.1 mL上述液体至新试管中,加入3 mL GOPOD试剂,涡旋混匀,于50 ℃孵育20 min。葡萄糖对照包括0.1 mL葡萄糖标准溶液(1 mg/mL)和3 mL GOPOD试剂。试剂空白溶液包括0.1 mL水和3 mL GOPOD试剂。采用分光光度法在510 nm处测定吸光度。

（2）直链淀粉含量的测定

用研钵将样品研磨分散,过100目筛;准确称取10 mg样品放入干净的EP管;加入100 μL乙醇、900 μL氢氧化钠溶液,涡旋混匀;沸水煮10 min,冷却后定容至10 mL;取干净的15 mL离心管,加入0.5 mL上清液、0.1 mL乙酸、0.2 mL碘化钾溶液,定容至10 mL,室温放置10 min。采用分光光度法在720 nm处测定吸光度。

5.3.4 淀粉颗粒形貌

用SU8020场发射扫描电子显微镜观察未干燥淀粉和不同微波干燥条件处理后淀粉的颗粒形态变化。将导电双面胶带贴于扫描电子显微镜(SEM)的载物台上,取少量干燥后的淀粉样品均匀涂抹在双面胶带上并去除多余淀粉,将载物台放入镀金仪器中进行喷金处理,再放入SEM中观察。为减少对淀粉颗粒的破坏,电子枪加速电压取3 kV。

5.3.5 淀粉官能团

图5-5为傅里叶红外光谱仪。取龙杂10粳高粱淀粉0.5~2.0 mg,再加入100~200 mg已磨细干燥的溴化钾粉末,混合研磨均匀后将混合粉末在模具中压制成片(选用溴化钾片作为空白参比),放入傅里叶红外光谱仪中进行扫描,扫描范围为400~4000 cm^{-1},分辨率为4 cm^{-1},得到淀粉的红外光谱图。

图 5 – 5　傅里叶红外光谱仪

5.3.6　淀粉黏度、衰减值及回生值

对淀粉黏度的预试验结果表明黏度变化较明显,为了更好地反映变化规律,单因素试验中将对龙杂 10 和凤杂 42 两个品种进行淀粉黏度测定。如图 5 – 6 所示,用 RVA4500 型快速黏度分析仪测定淀粉的黏度,衰减值是峰值黏度与谷值黏度的差值,回生值是最终黏度与谷值黏度的差值。称取 3.00 g(干基)微波干燥淀粉及未干燥淀粉于铝盒中,加入 25 mL 蒸馏水,于 35 ℃保温 3 min,设定转速率为 6 ℃/min 并加热到 95 ℃,保温 5 min,以 6 ℃/min 的转速率降温到 50 ℃,用快速黏度分析仪配套软件分析得到试验数据。

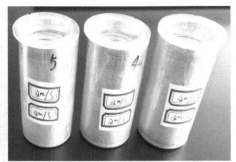

图 5 – 6　快速黏度分析仪及测试样品

5.3.7　淀粉相变温度和糊化焓

用 Q2000 差示热值扫描仪分析龙杂 10 粳高粱淀粉的相变温度和热焓变化。淀粉样品过 100 目筛,精确称取 10 mg 样品置于样品盘中,加入 30 μL 无菌水,密封于氧化铝坩埚,室温平衡 12 h。加热速率为 10 ℃/min,由 30 ℃升至 95 ℃,扫描热量变化,用空白盘作为参比。

5.3.8　单位能耗

由于本干燥试验台中的排湿系统、控制系统能耗及物料自身的热损失相对较小,因此只考虑微波干燥试验台中干燥腔体实际输出功率的能耗。该系统产生的单位能耗可按式(5-1)计算;干燥物料为龙杂 10 粳高粱,物料初始含水率为 23.6% ~ 24.76%。

$$N = \frac{P \cdot t}{m_1 - m_2} \times 10^{-3} \tag{5-1}$$

式中:N ——单位能耗,kJ/kg;

　　　P ——微波干燥腔的输入功率,W;

　　　t ——微波作用时间,s;

　　　m_1 ——干燥前物料总质量,kg;

　　　m_2 ——干燥结束时物料总质量,kg。

5.3.9　终了含水率

微波干燥试验结束后,将获得的干燥样品在塑料密封袋内保持 3 ~ 5 d,使高粱籽粒内部水分充分平衡,再进行终了含水率的测定。采用 105 ℃烘箱法测定终了含水率,测试 3 次,取平均值。将终了含水率与目标含水率求差得到终了含水率变化量。

5.3.10　平均干燥速率

在微波干燥过程中,不同干燥时段物料的干燥速率是不同的。这里用平均干燥速率表征整个干燥流程的干燥效率。试验中物料初始含水率为 23.60% ~ 24.76%,平均干燥速率根据式(5-2)计算:

$$\overline{DR} = \frac{M_1 - M_2}{\Delta t} \tag{5-2}$$

式中:$\overline{DR}$ ——平均干燥速率,%/min;

M_1 ——粳高粱物料初始含水率,%;

M_2 ——粳高粱物料干燥结束时含水率,%;

Δt ——粳高粱干燥至目标水分所用时间,min。

5.3.11　发芽率

针对龙杂 10 粳高粱,对干燥样品用 0.4% 的高锰酸钾溶液进行表面杀菌处理后用蒸馏水清洗,然后密封浸湿 24 h,使其含水率平衡在 39.5% 左右,在 JW – LC36 型冷藏醒发箱中进行恒温、恒湿度可控的发芽试验。

进行发芽试验时,每组取浸湿 24 h 的饱满粳高粱籽粒 300 粒,手工布置在经过加热消毒的帆布上,消毒帆布平铺在不锈钢盘中,每 100 粒籽粒分布在一个区域,取三个区域发芽率的平均值作为相应条件下的平均发芽率。籽粒布置完成后,上面覆盖消毒帆布,在不锈钢盘上做好样品信息、时间等标记,然后将载有物料的盘放入醒发箱中进行发芽,每组样品发芽 4~6 d,一批可以进行多组样品的同时发芽试验。图 5-7 为干燥粳高粱发芽前后对比;图 5-8 为未经微波干燥粳高粱的发芽情况。

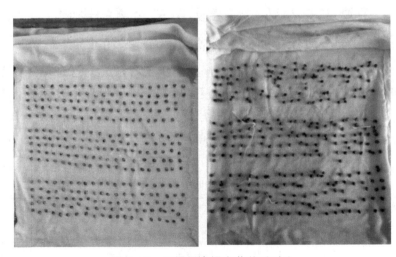

图 5-7　干燥粳高粱发芽前后对比

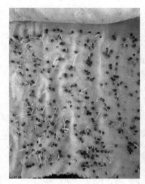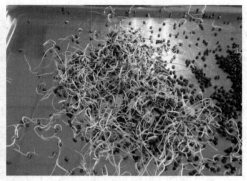

图 5 – 8　未经微波干燥粳高粱的发芽情况

5.4　干燥工艺参数对粳高粱主要品性指标的影响

单位质量干燥功率为 0 W/g、单次微波作用时间为 0 s 都代表未经微波干燥的粳高粱。

5.4.1　干燥工艺参数对粳高粱单宁含量的影响

5.4.1.1　单次微波作用时间对粳高粱单宁含量的影响

如表 5 – 2 所示,未经微波干燥粳高粱的单宁含量为 1.207%;随着单次微波作用时间在 30~70 s 范围内变化,粳高粱的单宁含量发生波动变化但不明显,且与未经微波干燥粳高粱的单宁含量差异不大。方差分析 $P = 0.343 > 0.05$,表明改变单次微波作用时间对粳高粱的单宁含量无显著影响。

表 5 – 2　不同单次微波作用时间时龙杂 10 粳高粱的单宁含量

单次微波作用时间/s	0	30	40	50	60	70
单宁含量/%	1.207 ± 0.010	1.229 ± 0.010	1.228 ± 0.020	1.173 ± 0.010	1.206 ± 0.010	1.194 ± 0.002

5.4.1.2　单位质量干燥功率对粳高粱单宁含量的影响

如表 5 - 3 所示,随着单位质量干燥功率在 2 ~ 6 W/g 范围内变化,粳高粱的单宁含量发生波动变化但不明显,且与未经微波干燥粳高粱的单宁含量差异不大。方差分析 $P = 0.847 > 0.05$,表明改变单位质量干燥功率对粳高粱的单宁含量无显著影响。

表 5 - 3　不同单位质量干燥功率时龙杂 10 粳高粱的单宁含量

单位质量干燥功率/(W·g^{-1})	0	2	3	4	5	6
单宁含量/%	1.207 ± 0.01	1.190 ± 0.02	1.198 ± 0.01	1.185 ± 0.01	1.200 ± 0.02	1.226 ± 0.02

5.4.1.3　排湿风速对粳高粱单宁含量的影响

如表 5 - 4 所示,随着排湿风速在 0.5 ~ 2.5 m/s 范围内变化,粳高粱的单宁含量发生波动变化,且与未干燥高粱(未经微波干燥粳高粱)的单宁含量差异不明显。方差分析 $P = 0.846 > 0.05$,表明改变排湿风速对粳高粱的单宁含量无显著影响。

表 5 - 4　不同排湿风速时龙杂 10 粳高粱的单宁含量

排湿风速/(m·s^{-1})	0	0.5	1.0	1.5	2.0	2.5
单宁含量/%	1.207 ± 0.01	1.185 ± 0.02	1.188 ± 0.01	1.215 ± 0.01	1.189 ± 0.01	1.201 ± 0.02

5.4.1.4　间歇比对粳高粱单宁含量的影响

如表 5 - 5 所示,随着间歇比在 1:1 ~ 1:5 范围内变化,粳高粱的单宁含量发生波动变化,且与未干燥粳高粱单宁含量差异不大。方差分析 $P = 0.533 > 0.05$,表明改变间歇比对粳高粱的单宁含量无显著影响。

表 5 - 5　不同间歇比时龙杂 10 粳高粱的单宁含量

间歇比	未干燥粳高粱	1:1	1:2	1:3	1:4	1:5
单宁含量/%	1.207 ± 0.010	1.181 ± 0.020	1.190 ± 0.010	1.176 ± 0.008	1.227 ± 0.020	1.221 ± 0.010

　　综上所述,改变单次微波作用时间、单位质量干燥功率、排湿风速、间歇比时粳高粱的单宁含量发生波动变化但不明显,且与未干燥粳高粱的单宁含量差异不大。方差分析结果表明,改变上述四个参数对粳高粱籽粒的单宁含量影响不显著。因此,单宁含量不是后续进行微波干燥研究考虑的品质指标。

5.4.2　干燥工艺参数对粳高粱总蛋白含量的影响

5.4.2.1　单位质量干燥功率对粳高粱总蛋白含量的影响

　　如表 5 - 6 所示,未干燥粳高粱的总蛋白含量约为 9.2%;随着单位质量干燥功率在 2 ~ 6 W/g 范围内变化,总蛋白含量在 8.5% ~ 8.7% 范围内变化。方差分析 $P = 0.241 > 0.05$,表明改变单位质量干燥功率对粳高粱的总蛋白含量影响不显著。

表 5 - 6　不同单位质量干燥功率时龙杂 10 粳高粱的总蛋白含量

单位质量干燥功率/(W·g⁻¹)	0	2	3	4	5	6
总蛋白含量/%	9.2 ± 0.11	8.7 ± 0.07	8.6 ± 0.07	8.5 ± 0.06	8.6 ± 0.09	8.5 ± 0.10

5.4.2.2　单次微波作用时间对粳高粱总蛋白含量的影响

　　如表 5 - 7 所示,随着单次微波作用时间在 30 ~ 70 s 范围内变化,干燥粳高粱的总蛋白含量在 8.5% ~ 9.1% 范围内变化。方差分析 $P = 0.242 > 0.05$,表明改变单次微波作用时间对粳高粱的总蛋白含量影响不显著。

表 5 - 7　不同单次微波作用时间时龙杂 10 粳高粱的总蛋白含量

单次微波 作用时间/s	0	30	40	50	60	70
总蛋白含量/%	9.2±0.11	8.6±0.08	8.7±0.06	8.5±0.09	8.5±0.1	9.1±0.08

5.4.2.3　排湿风速对粳高粱总蛋白含量的影响

如表 5 - 8 所示,随着排湿风速在 0.5～2.5 m/s 范围内变化,干燥粳高粱的总蛋白含量在 8.9%～9.2% 范围内变化。方差分析 $P = 0.363 > 0.05$,表明改变排湿风速对粳高粱的总蛋白含量影响不显著。

表 5 - 8　不同排湿风速时龙杂 10 粳高粱的总蛋白含量

排湿风速/ (m·s⁻¹)	0	0.5	1.0	1.5	2.0	2.5
总蛋白 含量/%	9.2±0.11	9.2±0.06	8.9±0.05	9.0±0.06	9.0±0.06	9.0±0.09

5.4.2.4　间歇比对粳高粱总蛋白含量的影响

如表 5 - 9 所示,随着间歇比在 1:1～1:5 范围内变化,干燥粳高粱的总蛋白含量在 8.8%～9.1% 范围内变化。方差分析 $P = 0.207 > 0.05$,表明改变间歇比对粳高粱的总蛋白含量影响不显著。

表 5 - 9 不同间歇比时龙杂 10 粳高粱的总蛋白含量

间歇比	未干燥 粳高粱	1:1	1:2	1:3	1:4	1:5
总蛋白 含量/%	9.2±0.11	8.8±0.06	9.1±0.08	8.9±0.05	9.0±0.05	8.9±0.06

综上所述,在微波干燥过程中改变单次微波作用时间、单位质量干燥功率、排湿风速和间歇比对粳高粱的总蛋白含量影响不显著,且与未干燥粳高粱的总

蛋白含量差异不明显。方差分析结果表明,改变上述四个参数对粳高粱籽粒的总蛋白含量影响不显著。因此,总蛋白含量不作为后续干燥试验的品质指标。

5.4.3 干燥工艺参数对总淀粉、直链淀粉含量的影响

微波的快速加热效应和极化效应影响淀粉分子间及淀粉分子与水分子间的化学反应动力学速率,进而影响淀粉的分子结构和物理化学性质。

5.4.3.1 单次微波作用时间对总淀粉、直链淀粉含量的影响

如表 5 - 10 所示,相较于未干燥粳高粱淀粉,随着单次微波作用时间在 30 ~ 70 s 范围内变化,干燥粳高粱的总淀粉含量略有减小和增大的波动变化,直链淀粉含量总体上呈增大趋势,这与刘佳男等人的研究结论一致。直链淀粉含量增大可能缘于微波干燥作用使支链淀粉的部分长链发生分解转变为直链淀粉。总淀粉含量方差分析 $P = 0.082 > 0.05$,表明改变单次微波作用时间对粳高粱总淀粉含量影响不显著。直链淀粉含量方差分析 $P = 0.026 < 0.05$,表明改变单次微波作用时间对粳高粱直链淀粉含量有显著影响。

表 5 - 10　不同单次微波作用时间时粳高粱的总淀粉、直链淀粉含量

单次微波作用时间/s	总淀粉含量/%	直链淀粉含量/%
0	67.60 ± 0.26	20.24 ± 0.13
30	67.02 ± 0.34^a	20.59 ± 0.11^b
40	67.85 ± 0.07^a	21.08 ± 0.14^a
50	66.86 ± 0.25^a	21.27 ± 0.09^a
60	68.21 ± 0.13^a	21.38 ± 0.06^a
70	66.61 ± 0.17^a	20.96 ± 0.12^a

注:同列字母不同代表差异性显著($P < 0.05$)。

5.4.3.2 单位质量干燥功率对总淀粉、直链淀粉含量的影响

如表 5 - 11 所示,相较于未干燥粳高粱淀粉,随着单位质量干燥功率在 2 ~ 6 W/g 范围内变化,干燥粳高粱的总淀粉含量总体上有略减小趋势,直链淀粉含量总体上呈增大趋势。总淀粉含量方差分析 $P = 0.397 > 0.05$,表明改变单位质量干燥功率对粳高粱总淀粉含量影响不显著。直链淀粉含量方差分析

$P = 0.018 < 0.05$,表明改变单位质量干燥功率对粳高粱直链淀粉含量有显著影响。

表 5 - 11 不同单位质量干燥功率时粳高粱的总淀粉、直链淀粉含量

单位质量干燥功率/$(W \cdot g^{-1})$	总淀粉含量/%	直链淀粉含量/%
0	67.60 ± 0.26	20.24 ± 0.07
2	66.75 ± 0.02^a	21.41 ± 0.07^a
3	66.63 ± 0.14^a	21.32 ± 0.14^a
4	67.33 ± 0.07^a	20.11 ± 0.16^b
5	68.03 ± 0.17^a	21.37 ± 0.12^a
6	66.36 ± 0.14^a	20.55 ± 0.09^b

注:同列字母不同代表差异性显著($P < 0.05$)。

5.4.3.3 排湿风速对总淀粉、直链淀粉含量的影响

如表 5 - 12 所示,相较于未干燥粳高粱淀粉,随着排湿风速在 $0.5 \sim 2.5$ m/s 范围内变化,干燥粳高粱的总淀粉含量总体上略呈减小趋势,直链淀粉含量总体上有减小和增大的波动变化。总淀粉含量方差分析 $P = 0.201 > 0.05$,表明改变排湿风速对粳高粱总淀粉含量影响不显著。直链淀粉含量方差分析 $P = 0.028 < 0.05$,表明改变排湿风速对粳高粱直链淀粉含量有显著影响。

表 5 - 12 不同排湿风速时粳高粱的总淀粉、直链淀粉含量

排湿风速/$(m \cdot s^{-1})$	总淀粉含量/%	直链淀粉含量/%
0	67.60 ± 0.26	20.24 ± 0.13
0.5	67.50 ± 0.18^a	18.95 ± 0.05^c
1.0	66.58 ± 0.11^a	21.06 ± 0.09^a
1.5	67.74 ± 0.22^a	19.77 ± 0.22^b
2.0	66.57 ± 0.13^a	20.23 ± 0.28^b
2.5	67.07 ± 0.18^a	21.13 ± 0.12^a

注:同列字母不同代表差异性显著($P < 0.05$)。

5.4.3.4 间歇比对总淀粉、直链淀粉含量的影响

如表5-13所示,相较于未干燥粳高粱淀粉,随着间歇比在1∶1~1∶5范围内变化,干燥粳高粱的总淀粉含量总体上略有增大和减小的波动变化,直链淀粉含量总体上呈增大趋势。总淀粉含量方差分析 $P = 0.208 > 0.05$,表明改变间歇比对粳高粱总淀粉含量影响不显著。直链淀粉含量方差分析 $P = 0.045 < 0.05$,表明改变间歇比对粳高粱直链淀粉含量有显著影响。

表5-13 不同间歇比时粳高粱的总淀粉、直链淀粉含量

间歇比	总淀粉含量/%	直链淀粉含量/%
未干燥粳高粱	67.60 ± 0.26	20.24 ± 0.13
1∶1	67.69 ± 0.24[a]	21.45 ± 0.02[a]
1∶2	66.89 ± 0.18[a]	21.09 ± 0.06[a]
1∶3	66.84 ± 0.13[a]	20.27 ± 0.11[b]
1∶4	66.79 ± 0.09[a]	20.65 ± 0.07[b]
1∶5	67.53 ± 0.26[a]	20.70 ± 0.02[b]

注:同列字母不同代表差异性显著($P < 0.05$)。

综上所述,改变单次微波作用时间、间歇比、单位质量干燥功率、排湿风速对粳高粱总淀粉含量影响不显著,且与未干燥粳高粱的总淀粉含量差异不明显;对粳高粱直链淀粉含量有显著影响,且与未干燥粳高粱直链淀粉含量相比呈增大趋势。因此,总淀粉含量不作为后续干燥试验的品质指标,而直链淀粉含量可作为后续干燥试验的品质指标。

5.4.4 干燥工艺参数对淀粉官能团的影响

在微波干燥过程中,一方面籽粒中的极性水分子通过高速的互相摩擦、碰撞产生大量热能,从而使淀粉、蛋白质的结构和理化特性发生改变;另一方面,微波光子能量的存在会影响淀粉、蛋白质分子中化学键及基团周围电子云的排布,进而改变淀粉、蛋白质分子的构象,淀粉结构改变将影响物料的介电特性。

5.4.4.1 单次微波作用时间对淀粉官能团的影响

如图5-9所示,波数为995 cm^{-1}时吸收峰基本无变化;波数为1022 cm^{-1}、

1047 cm^{-1}且单次微波作用时间由 50 s 增加到 70 s 时,曲线略有升高,作用时间为 30 s、40 s 时,曲线与未干燥粳高粱淀粉曲线相比基本无变化;波数为 3200 ~ 3650 cm^{-1}时有强而宽的吸收峰,作用时间为 30 s、40 s 时,峰高差别不大,与未干燥粳高粱淀粉曲线基本重合,当作用时间增加到 50 s、60 s、70 s 时,吸收峰显著变窄、变高;波数为 1750 ~ 2750 cm^{-1}时,峰形有明显的变化,相对于未干燥粳高粱淀粉,作用时间为 30 s、40 s 时的峰形明显变窄、变低,作用时间为 50 s、60 s、70 s 时峰形变宽、变高。总体上看,随着单次微波作用时间的增加,吸收峰逐渐变宽、变高。其原因为:在物料初始含水率一定的情况下,随着单次微波作用时间的增加,物料吸收微波能不断增加,使淀粉分子吸收转化动能增加、振动强度增加,干燥时间对峰值强度影响显著。

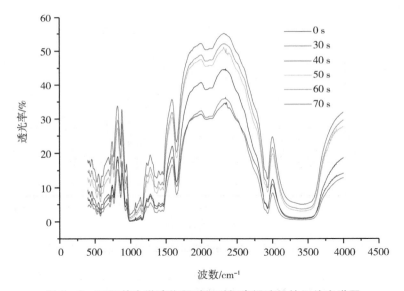

图 5 - 9 不同单次微波作用时间时粳高粱淀粉的红外光谱图

5.4.4.2 单位质量干燥功率对淀粉官能团的影响

如图 5 - 10 所示,波数为 995 cm^{-1}时吸收峰基本无变化;波数为 1022 cm^{-1}、1047 cm^{-1}且单位质量干燥功率为 2 W/g、3 W/g、4 W/g、5 W/g 时,曲线略有升高,单位质量干燥功率为 6 W/g 时,曲线与未干燥粳高粱淀粉曲线基本一致;波数为 3200 ~ 3650 cm^{-1}时有强而宽的吸收峰,单位质量干燥功率由

2 W/g 增加到 6 W/g 时,吸收峰变窄、变高,其中单位质量干燥功率为 6 W/g 时与未干燥粳高粱淀粉曲线差别不大,单位质量干燥功率为 3 W/g、4 W/g、5 W/g 时差别不大;波数为 1750～2750 cm^{-1} 时峰形总体有较明显的变化,相对于未干燥粳高粱,单位质量干燥功率在 2～6 W/g 范围内变化,吸收峰总体都高于未干燥粳高粱,且随着单位质量干燥功率的增大,吸收峰逐渐变窄、变低。其原因为:在物料初始含水率一定的情况下,随着单位质量干燥功率的增大,干燥的物料量减少,干燥前样品的总含水量减少,物料吸收总能量减少,使淀粉分子吸收转化动能总量减少、振动有所减弱。

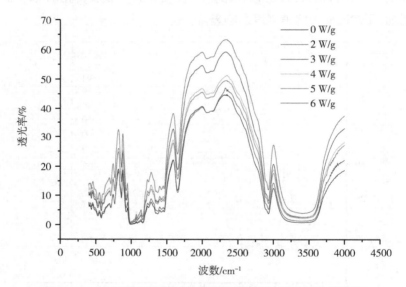

图 5-10　不同单位质量干燥功率时粳高粱淀粉的红外光谱图

5.4.4.3　排湿风速对淀粉官能团的影响

如图 5-11 所示,波数为 995 cm^{-1} 时,吸收峰基本无变化;波数为 1022 cm^{-1}、1047 cm^{-1} 时,只有排湿风速为 0.5 m/s 时的曲线略升高,其余风速时曲线基本无变化;波数为 3200～3650 m^{-1} 时吸收峰较宽,其属于淀粉中 O—H 的伸缩振动和羟基氢键缔合后的特征吸收峰;排湿风速为 1.0～2.5 m/s 时,波数为 3200～3650 cm^{-1} 时吸收峰宽度及高度变化不明显,排湿风速为 0.5 m/s 时该吸收峰区域明显变窄、变高;波数为 1750～2750 cm^{-1} 时,峰形有较明显的变化,排湿风速由 0.5 m/s 增大到 1.0 m/s 时,干燥粳高粱的吸收峰高于未干燥粳高粱,且呈下降趋势,排湿风速由 1.5 m/s 增大到 2.5 m/s 时,干燥粳高粱吸收峰低于未干燥粳高粱,且呈下降趋势。总体上看,随着排湿风速的增大,吸收峰逐渐变窄、变低。其原因为:在物料初始含水率一定的情况下,随着排湿风速的增大,物料与周围换热加强,物料温度有所降低,使淀粉分子动能减少、振动强度减弱。

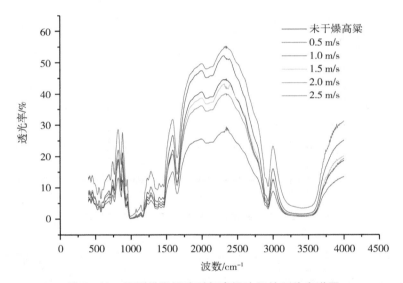

图 5-11　不同排湿风速时粳高粱淀粉的红外光谱图

5.4.4.4　间歇比对淀粉官能团的影响

如图 5 - 12 所示,波数为 995 cm^{-1} 时,吸收峰基本无变化;波数为 1022 cm^{-1}、1047 cm^{-1} 时,只有间歇比为 1:1 和 1:4 时曲线略升高,其余曲线基本无变化;波数为 3200~3650 cm^{-1} 时吸收峰较宽,其属于淀粉中 O—H 的伸缩振动和羟基氢键缔合后的特征吸收峰;波数为 3200~3650 cm^{-1} 且间歇比为 1:2、1:3、1:5 时,吸收峰宽度及高度变化不明显,当间歇比为 1:1、1:4 时,吸收峰明显变窄、变高;波数为 1750~2750 cm^{-1} 时,峰形有较明显的变化,间歇比由 1:1 变化到 1:2 时,干燥粳高粱吸收峰高于未干燥粳高粱,且呈下降趋势,间歇比由 1:3 变化到 1:5 时,干燥粳高粱吸收峰低于未干燥粳高粱,且呈下降趋势。

总体上看,随着间歇比的增大,吸收峰逐渐变窄、变低。其原因为:在物料初始含水率一定的情况下,随着间歇比的减小,干燥过程中物料温度的变化比较缓慢,物料温度处于相对较低状态,使淀粉分子动能减少、振动强度减弱。

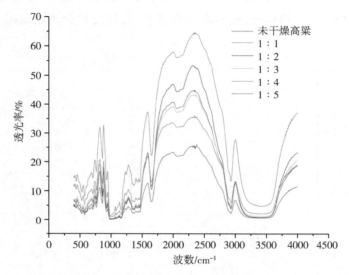

图 5 - 12　不同间歇比时粳高粱淀粉的红外光谱图

综上所述,微波干燥前后粳高粱淀粉红外光谱的总体峰形没有明显差异,没有新吸收峰出现,表明微波干燥并不影响粳高粱淀粉的化学基团,未产生新的化学键或基团,这与迟治平等人的研究结论一致;在不同干燥条件下,相应吸收峰的强度存在显著变化,表明对应特征化学基团的振动强度产生明显变化。由于微波干燥粳高粱未产生新的官能团,因此淀粉官能团不作为后续干燥试验的品质指标。

5.4.5　干燥工艺参数对淀粉颗粒形貌的影响

5.4.5.1　未经微波干燥粳高粱的淀粉颗粒形貌

如图 5 - 13 所示,未经微波干燥粳高粱的淀粉颗粒多为类圆形和不规则形状,表面内凹,颗粒较大,其中部分颗粒表面有类蜂窝状结构,少部分较小颗粒为球形或椭球形,表面光滑,淀粉颗粒平均粒径约为 17.03 μm。

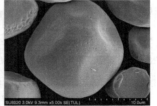

（a）放大500倍淀粉颗粒形貌　　（b）放大5000倍淀粉颗粒形貌

图 5 - 13　未经微波干燥粳高粱淀粉的 SEM 图

5.4.5.2　单次微波作用时间对粳高粱淀粉颗粒形貌的影响

如图 5 - 14 所示,在不同单次微波作用时间下,淀粉颗粒总体形状变化不大。但是,部分淀粉颗粒表面产生较明显的裂纹,发生表层脱落等现象,部分淀粉颗粒表层的凹陷程度加剧。这表明在微波干燥过程中,极性水分子在微波场中的高频运动对淀粉颗粒结构表面产生了一定的外力作用。单次微波作用时间为 30 ~ 70 s 时,干燥粳高粱淀粉颗粒平均粒径为 15.68 ~ 16.38 μm,干燥前后淀粉颗粒粒径变化不显著。

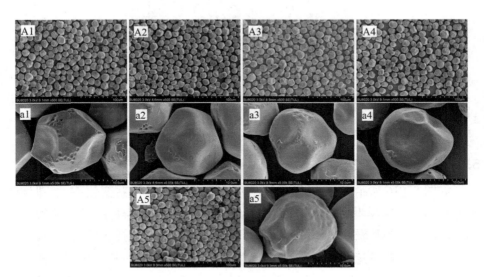

图 5 - 14　不同单次微波作用时间时粳高粱淀粉的 SEM 图

注:A1/a1、A2/a2、A3/a3、A4/a4、A5/a5 分别是 500 倍/5000 倍下单次微波作用时间为30 s、40 s、50 s、60 s、70 s 时粳高粱淀粉微观形貌。

5.4.5.3 单位质量干燥功率对粳高粱淀粉颗粒形貌的影响

如图 5-15 所示,在不同单位质量干燥功率下,淀粉颗粒总体形状基本不变;部分淀粉颗粒表面产生较明显的裂纹,发生表层脱落、表层隆起变形等现象,部分淀粉颗粒的表层凹陷程度加剧;单位质量干燥功率为 2~6 W/g 时,干燥粳高粱淀粉颗粒平均粒径为 15.89~16.15 μm,干燥前后淀粉颗粒粒径变化不显著。

图 5-15　不同单位质量干燥功率时粳高粱淀粉的 SEM 图

注:B1/b1、B2/b2、B3/b3、B4/b4、B5/b5 分别是 500 倍/5000 倍下单位质量干燥功率为 2 W/g、3 W/g、4 W/g、5 W/g、6 W/g 时粳高粱淀粉微观形貌。

5.4.5.4 排湿风速对高粱淀粉颗粒形貌的影响

如图 5-16 所示,在不同排湿风速下,淀粉颗粒总体形状变化不大;部分淀粉颗粒表面产生较明显的裂纹,发生表层脱落、开裂及破碎现象,部分淀粉颗粒的表层凹陷及类蜂窝状结构程度加剧。这表明在微波干燥过程中,极性水分子在微波场中的高频运动对淀粉颗粒结构表面产生了一定的破坏作用。排湿风速为 0.5~2.5 m/s 时,淀粉颗粒平均粒径为 15.72~16.29 μm,干燥前后淀粉颗粒粒径变化不显著。

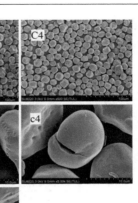
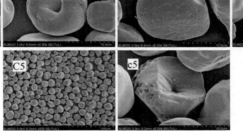

图 5 – 16 不同排湿风速时粳高粱淀粉的 SEM 图

注：C1/c1、C2/c2、C3/c3、C4/c4、C5/c5 分别是 500 倍/5000 倍下排湿风速为 0. 5 m/s、1. 0 m/s、1. 5 m/s、2. 0 m/s、2. 5 m/s 时粳高粱淀粉微观形貌。

5.4.5.5 间歇比对粳高粱淀粉颗粒形貌的影响

如图 5 – 17 所示，在不同间歇比下，淀粉颗粒总体形状基本不变；部分淀粉颗粒表面产生较明显的裂纹，发生表层脱落、褶皱凹陷现象，部分淀粉颗粒的表层凹陷及类蜂窝状结构变化程度剧烈；间歇比为 1∶1 ~ 1∶5 时，淀粉颗粒平均粒径为 15. 91 ~ 16. 25 μm，干燥前后粳高粱淀粉颗粒粒径变化不显著。

综上所述，在不同单次微波作用时间、单位质量干燥功率、排湿风速及间歇比下，微波干燥后的粳高粱淀粉颗粒总体形状基本不变，但部分淀粉颗粒表面产生较明显的裂纹，发生表层脱落、开裂及破碎现象，部分淀粉颗粒的表层凹陷及类蜂窝状结构程度加剧；未干燥粳高粱淀粉颗粒的平均粒径约为 17. 03 μm，微波干燥后粳高粱淀粉颗粒的平均粒径为 15. 68 ~ 16. 38 μm，干燥前后淀粉颗粒总体尺寸变化不显著。因此，淀粉颗粒形貌不作为后续干燥试验的品质指标。

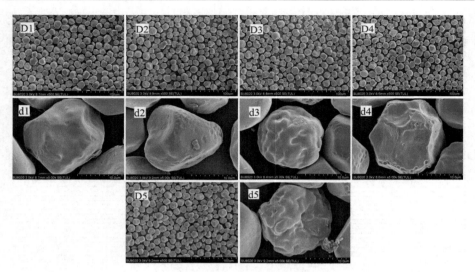

图 5 – 17　不同间歇比时粳高粱淀粉的 SEM 图

注：D1/d1、D2/d2、D3/d3、D4/d4、D5/d5 分别是 500 倍/5000 倍下间歇比为 1∶1、1∶2、1∶3、1∶4、1∶5 时粳高粱淀粉微观形貌。

5.4.6　干燥工艺参数对淀粉黏度、衰减值及回生值的影响

　　淀粉充分吸水膨胀后，颗粒之间相互摩擦而使糊液黏度增大，峰值黏度反映淀粉的膨胀能力。粳高粱淀粉达到峰值黏度后开始处于保温阶段，此时膨胀的淀粉粒开始破裂而不再相互摩擦，淀粉黏度逐渐下降，最终达到谷值黏度。谷值黏度反映淀粉在高温下的耐剪切能力，能够影响食品加工操作难度。温度降低之后淀粉颗粒所包围的水分子运动减弱，淀粉黏度再度升高达到最终黏度，其反映淀粉的回生特性。

　　回生值是最终黏度与谷值黏度的差值，能够显示淀粉冷糊的稳定性和老化趋势，其大小与直链淀粉、支链淀粉含量有关。回生值反映淀粉的老化能力，即膨胀前期溶出的直链淀粉分子相互交联结合的能力。淀粉老化的本质是部分或完全糊化的淀粉分子由高能无序状态逐渐转变为低能有序状态的一个热力学平衡过程。衰减值反映淀粉颗粒受热时抗剪切力而维持分子内部结构稳定性的能力，衰减值越大代表淀粉颗粒的稳定性越差。本章将对龙杂 10 和凤杂 42 两个粳高粱品种进行淀粉黏度测定，并进一步确定衰减值及回生值。

5.4.6.1　单次微波作用时间对淀粉黏度、衰减值及回生值的影响

如表 5 - 14 所示,对于龙杂 10 粳高粱,单次微波作用时间为 30 ~ 70 s 时,除 60 s 时外,干燥粳高粱的淀粉峰值黏度都低于未干燥粳高粱;除 40 s 时外,干燥粳高粱的淀粉谷值黏度都高于未干燥粳高粱;干燥粳高粱的淀粉最终黏度都高于未干燥粳高粱;干燥粳高粱的淀粉衰减值都低于未干燥粳高粱;干燥粳高粱的淀粉回生值都高于未干燥粳高粱。改变单次微波作用时间,相较于未干燥粳高粱,微波干燥粳高粱的淀粉衰减值减小、回生值增大,淀粉热稳定性提高、老化能力增强。方差分析结果表明,改变单次微波作用时间对粳高粱淀粉的峰值黏度、衰减值和回生值有极显著影响,对谷值黏度、最终黏度有显著影响。

表 5 - 14　不同单次微波作用时间时龙杂 10 粳高粱淀粉的黏度、衰减值及回生值

单次微波作用时间/s	峰值黏度/(mPa·s)	谷值黏度/(mPa·s)	最终黏度/(mPa·s)	衰减值/(mPa·s)	回生值/(mPa·s)
0	4945 ± 3.21	1784 ± 3.74	3311 ± 3.96	3161 ± 5.59	1527 ± 0.42
30	4882 ± 0.58[b]	1810 ± 5.65[b]	3398 ± 5.14[b]	3072 ± 5.07[a]	1588 ± 0.51[b]
40	4844 ± 0.47[b]	1763 ± 2.24[b]	3364 ± 1.83[b]	3081 ± 1.77[a]	1602 ± 0.41[b]
50	4806 ± 0.18[b]	2070 ± 1.02[a]	3797 ± 0.98[a]	2737 ± 0.94[c]	1727 ± 0.14[a]
60	4981 ± 1.35[a]	2081 ± 2.99[a]	3827 ± 3.87[a]	2899 ± 1.64[b]	1746 ± 0.92[a]
70	4150 ± 2.81[c]	1979 ± 4.58[a]	3773 ± 5.12[a]	2171 ± 1.97[d]	1795 ± 1.53[a]
显著性 P 值	0.000***	0.039	0.011	0.000***	0.001

注:同列字母不同代表差异性显著($P < 0.05$)。

随着温度的降低,淀粉分子运动减慢,此时直链、支链淀粉都趋向于平行排列。直链淀粉分子呈线性结构,在回生过程中有利于平行取向,分子间结合的氢键较多,容易回生;支链淀粉分子呈高度枝杈结构,分子不利于平行取向,氢键不易形成,所以较难回生。有研究表明,水稻直链淀粉含量为 15% ~ 22% 时,直链淀粉含量与淀粉回生值显著正相关。由 5.4.3 节可知,相较于未干燥粳高粱,微波干燥粳高粱的直链淀粉含量呈增加趋势,表明氢键更容易结合,因此回生值增大。

如表 5 - 15 所示,对于凤杂 42 粳高粱,单次微波作用时间为 30 ~ 70 s 时,

干燥粳高粱的淀粉峰值黏度都高于未干燥粳高粱;除30 s时外,干燥粳高粱的淀粉谷值黏度都低于未干燥粳高粱;除60 s时外,干燥粳高粱的淀粉最终黏度都高于未干燥粳高粱;干燥粳高粱的淀粉衰减值、回生值都高于未干燥粳高粱。改变单次微波作用时间,相较于未干燥粳高粱,微波干燥粳高粱的淀粉衰减值增大、回生值增大,淀粉热稳定性下降、老化能力增强。方差分析结果表明,改变单次微波作用时间对粳高粱淀粉的谷值黏度、最终黏度和回生值都有极显著影响,对峰值黏度和衰减值影响不显著。

表5-15　不同单次微波作用时间时凤杂42粳高粱淀粉的黏度、衰减值及回生值

单次微波作用时间/s	峰值黏度/（mPa·s）	谷值黏度/（mPa·s）	最终黏度/（mPa·s）	衰减值/（mPa·s）	回生值/（mPa·s）
0	2106 ± 3.21	1671 ± 2.16	2377 ± 3.32	435 ± 2.10	706 ± 4.41
30	2235 ± 5.43[a]	1710 ± 4.31[a]	2445 ± 5.56[b]	525 ± 3.29[a]	735 ± 5.15[b]
40	2234 ± 2.83[a]	1607 ± 5.40[b]	2461 ± 1.99[a]	627 ± 2.57[a]	854 ± 2.88[a]
50	2264 ± 0.06[a]	1620 ± 1.16[b]	2517 ± 1.67[a]	644 ± 1.09[a]	897 ± 0.44[a]
60	2231 ± 0.01[a]	1587 ± 3.66[b]	2348 ± 5.36[c]	645 ± 3.66[a]	762 ± 4.23[b]
70	2118 ± 1.86[a]	1549 ± 0.69[b]	2384 ± 4.75[c]	569 ± 2.47[a]	835 ± 3.47[a]
显著性P值	0.101	0.005	0.000[***]	0.137	0.003

注:同列字母不同代表差异性显著($P < 0.05$)。

5.4.6.2　单位质量干燥功率对淀粉黏度、衰减值及回生值的影响

如表5-16所示,对于龙杂10粳高粱,单位质量干燥功率为2~6 W/g时,干燥粳高粱的淀粉峰值黏度都低于未干燥粳高粱;除5 W/g时外,干燥粳高粱的淀粉谷值黏度、最终黏度都高于未干燥粳高粱;干燥粳高粱的淀粉衰减值都低于未干燥粳高粱;干燥粳高粱的淀粉回生值都高于未干燥粳高粱。改变单位质量干燥功率,相较于未干燥粳高粱,干燥粳高粱的淀粉衰减值减小、回生值增大,淀粉老化能力增强。方差分析结果表明,改变单位质量干燥功率对粳高粱淀粉的峰值黏度、谷值黏度、最终黏度、衰减值和回生值都有极显著影响。

表 5 - 16　不同单位质量干燥功率时龙杂 10 粳高粱淀粉的黏度、衰减值及回生值

单位质量干燥功率/(W·g^{-1})	峰值黏度/(mPa·s)	谷值黏度/(mPa·s)	最终黏度/(mPa·s)	衰减值/(mPa·s)	回生值/(mPa·s)
0	4945 ± 3.21	1784 ± 3.74	3311 ± 3.96	3161 ± 5.59	1527 ± 0.42
2	4687 ± 1.09^a	1807 ± 2.66^b	3441 ± 3.32^b	2880 ± 2.47^a	1634 ± 1.07^b
3	4604 ± 3.76^b	1967 ± 0.17^a	3542 ± 0.88^a	2637 ± 3.78^b	1575 ± 0.11^c
4	4757 ± 2.47^a	1803 ± 1.24^b	3445 ± 1.83^b	2954 ± 2.92^a	1642 ± 0.72^b
5	4210 ± 3.24^c	1696 ± 0.33^c	3273 ± 0.16^c	2514 ± 3.04^c	1577 ± 0.44^c
6	4573 ± 1.69^b	1850 ± 1.61^b	3550 ± 1.47^a	2724 ± 1.62^b	1700 ± 0.29^a
显著性 P 值	0.000***	0.004	0.001	0.003	0.006

注:同列字母不同代表差异性显著(P < 0.05)。

如表 5 - 17 所示,对于凤杂 42 粳高粱,单位质量干燥功率为 2 ~ 6 W/g 时,除 2 W/g、4 W/g 时外,干燥粳高粱的淀粉峰值黏度都高于未干燥粳高粱;干燥粳高粱的淀粉谷值黏度都低于未干燥粳高粱;除 2 W/g、4 W/g、5 W/g 时外,干燥粳高粱的淀粉最终黏度都高于未干燥粳高粱;干燥粳高粱的淀粉衰减值、回生值都高于未干燥粳高粱。

表 5 - 17　不同单位质量干燥功率时凤杂 42 粳高粱淀粉的黏度、衰减值及回生值

单位质量干燥功率/(W·g^{-1})	峰值黏度/(mPa·s)	谷值黏度/(mPa·s)	最终黏度/(mPa·s)	衰减值/(mPa·s)	回生值/(mPa·s)
0	2106 ± 3.21	1671 ± 2.16	2377 ± 3.32	435 ± 2.10	706 ± 4.41
2	2093 ± 0.97^c	1363 ± 4.32^d	2124 ± 3.18^e	731 ± 3.55^a	762 ± 4.06^c
3	2361 ± 1.91^a	1619 ± 5.32^a	2472 ± 1.15^b	742 ± 5.71^a	853 ± 4.26^b
4	2033 ± 1.54^c	1452 ± 4.83^c	2214 ± 1.42^d	581 ± 3.52^b	762 ± 3.31^c
5	2252 ± 1.23^b	1548 ± 2.50^b	2351 ± 2.34^c	705 ± 1.35^a	803 ± 0.24^b
6	2213 ± 4.24^b	1622 ± 1.24^a	2559 ± 5.31^a	591 ± 3.01^b	937 ± 4.45^a
显著性 P 值	0.003	0.002	0.000***	0.000***	0.006

注:同列字母不同代表差异性显著(P < 0.05)。

综上所述,相较于未干燥粳高粱,微波干燥粳高粱的淀粉衰减值和回生值都增大,淀粉热稳定性下降、老化能力增强。方差分析结果表明,改变单位质量干燥功率对粳高粱淀粉的峰值黏度、谷值黏度、最终黏度、衰减值和回生值都有极显著影响。

5.4.6.3 排湿风速对淀粉黏度、衰减值及回生值的影响

如表 5 - 18 所示,对于龙杂 10 粳高粱,排湿风速为 0.5 ~ 2.5 m/s 范围内变化,排湿风速为 1.0 m/s、1.5 m/s 时,干燥粳高粱的淀粉峰值黏度都低于未干燥粳高粱;排湿风速为 0.5 m/s、2.0 m/s、2.5 m/s 时,干燥粳高粱的淀粉峰值黏度都略高于未干燥粳高粱;干燥粳高粱的淀粉谷值黏度、最终黏度、回生值都高于未干燥粳高粱;干燥粳高粱的淀粉衰减值都低于未干燥粳高粱。改变排湿风速,相较于未干燥粳高粱,干燥粳高粱的淀粉衰减值减小、回生值增大,淀粉老化能力增强。方差分析结果表明,改变排湿风速对粳高粱淀粉的峰值黏度、衰减值都有极显著影响,对最终黏度和回生值有显著影响,对谷值黏度无显著影响。

表 5 - 18　不同排湿风速时龙杂 10 粳高粱淀粉的黏度、衰减值及回生值

排湿风速/ (m·s⁻¹)	峰值黏度/ (mPa·s)	谷值黏度/ (mPa·s)	最终黏度/ (mPa·s)	衰减值/ (mPa·s)	回生值/ (mPa·s)
未干燥粳高粱	4945 ± 3.21	1784 ± 3.74	3311 ± 3.96	3161 ± 5.59	1527 ± 0.42
0.5	5078 ± 2.24[a]	2043 ± 0.98[a]	3636 ± 1.01[a]	3034 ± 1.49[a]	1593 ± 0.50[c]
1.0	4782 ± 4.84[b]	1927 ± 1.85[a]	3691 ± 1.69[a]	2855 ± 3.00[b]	1764 ± 0.79[a]
1.5	4561 ± 3.88[c]	1921 ± 2.04[a]	3578 ± 0.60[b]	2640 ± 4.01[c]	1657 ± 1.45[b]
2.0	5024 ± 1.18[a]	1955 ± 1.64[a]	3581 ± 1.66[b]	3069 ± 1.65[a]	1626 ± 0.25[c]
2.5	5032 ± 0.58[a]	1974 ± 1.73[a]	3662 ± 1.68[a]	3058 ± 1.15[a]	1688 ± 0.13[b]
显著性 P 值	0.002	0.210	0.042	0.001	0.025

注:同列字母不同代表差异性显著($P < 0.05$)。

如表 5 - 19 所示,对于凤杂 42 粳高粱,排湿风速为 0.5 ~ 2.5 m/s 时,除 2.0 m/s 时外,干燥粳高粱的淀粉峰值黏度都高于未干燥粳高粱;干燥粳高粱的淀粉谷值黏度都低于未干燥粳高粱;除 1.5 m/s、2.0 m/s、2.5 m/s 时外,干燥粳

高粱的淀粉最终黏度都高于未干燥粳高粱;干燥粳高粱的淀粉衰减值、回生值都高于未干燥粳高粱。改变排湿风速,相较于未干燥粳高粱,微波干燥粳高粱的淀粉衰减值、回生值增大,淀粉老化能力增强。方差分析结果表明,改变排湿风速对粳高粱淀粉的谷值黏度、最终黏度、衰减值都有极显著影响,对峰值黏度、回生值有显著影响。

表 5 - 19　不同排湿风速时凤杂 42 粳高粱淀粉的黏度、衰减值及回生值

排湿风速/ （m·s⁻¹）	峰值黏度/ （mPa·s）	谷值黏度/ （mPa·s）	最终黏度/ （mPa·s）	衰减值/ （mPa·s）	回生值/ （mPa·s）
未干燥粳高粱	2106 ± 3.21	1671 ± 2.16	2377 ± 3.32	435 ± 2.10	706 ± 4.41
0.5	2129 ± 0.58^{b}	1564 ± 2.89^{a}	2399 ± 4.26^{a}	565 ± 3.47^{c}	835 ± 3.23^{b}
1.0	2213 ± 2.21^{a}	1597 ± 1.86^{a}	2453 ± 0.85^{a}	617 ± 0.55^{b}	857 ± 2.21^{b}
1.5	2127 ± 1.71^{b}	1407 ± 2.92^{b}	2140 ± 4.24^{c}	720 ± 3.62^{a}	734 ± 1.33^{c}
2.0	2039 ± 5.83^{c}	1348 ± 5.34^{c}	2261 ± 4.56^{b}	691 ± 1.35^{a}	913 ± 2.56^{a}
2.5	2121 ± 3.71^{b}	1439 ± 5.14^{b}	2187 ± 0.65^{b}	682 ± 4.21^{a}	748 ± 4.76^{c}
显著性 P 值	0.027	0.001 ***	0.001 ***	0.000 ***	0.016

注:同列字母不同代表差异性显著($P < 0.05$)。

5.4.6.4　间歇比对淀粉黏度、衰减值及回生值的影响

如表 5 - 20 所示,对于龙杂 10 粳高粱,间歇比为 1:1 ~ 1:5 时,干燥粳高粱的淀粉峰值黏度都低于未干燥粳高粱;除 1:4 时外,干燥粳高粱的淀粉谷值黏度、最终黏度都高于未干燥粳高粱;干燥粳高粱的淀粉衰减值都低于未干燥粳高粱;干燥粳高粱的淀粉回生值都高于未干燥粳高粱。改变间歇比,相较于未干燥粳高粱,微波干燥粳高粱的淀粉衰减值减小、回生值增大,淀粉老化能力增强。方差分析结果表明,改变间歇比对粳高粱淀粉的峰值黏度、最终黏度、衰减值和回生值都有极显著影响,对谷值黏度无显著影响。

表 5-20　不同间歇比时龙杂 10 粳高粱淀粉的黏度、衰减值及回生值

间歇比	峰值黏度/ (mPa·s)	谷值黏度/ (mPa·s)	最终黏度/ (mPa·s)	衰减值/ (mPa·s)	回生值/ (mPa·s)
未干燥粳高粱	4945 ± 3.21	1784 ± 3.74	3311 ± 3.96	3161 ± 5.59	1527 ± 0.42
1:1	4710 ± 2.21[b]	1876 ± 4.07[a]	3415 ± 2.74[c]	2834 ± 1.86[c]	1539 ± 1.33[c]
1:2	4744 ± 1.42[b]	1833 ± 2.83[a]	3502 ± 3.45[b]	2911 ± 2.39[b]	1669 ± 5.12[b]
1:3	4778 ± 1.59[b]	1796 ± 0.79[a]	3561 ± 1.59[b]	2982 ± 1.33[a]	1765 ± 1.45[a]
1:4	4563 ± 0.67[c]	1749 ± 1.12[a]	3287 ± 2.56[d]	2814 ± 1.24[c]	1538 ± 3.18[c]
1:5	4866 ± 3.36[a]	1866 ± 5.65[a]	3621 ± 5.89[a]	3000 ± 2.65[a]	1755 ± 0.88[a]
显著性 P 值	0.006	0.256	0.002	0.006	0.001

注:同列字母不同代表差异性显著(P < 0.05)。

如表 5-21 所示,对于凤杂 42 粳高粱,间歇比为 1:1~1:5 时,除 1:5 时外,干燥粳高粱的淀粉峰值黏度都高于未干燥粳高粱;除 1:2、1:4 时外,干燥粳高粱的淀粉谷值黏度都低于未干燥粳高粱;除 1:1、1:5 时外,干燥粳高粱的淀粉最终黏度都高于未干燥粳高粱;干燥粳高粱的淀粉衰减值、回生值都高于未干燥粳高粱。改变间歇比,相较于未干燥粳高粱,微波干燥粳高粱的淀粉衰减值、回生值增大,淀粉老化能力增强。方差分析结果表明,改变间歇比对粳高粱淀粉的谷值黏度、最终黏度、衰减值都有极显著影响,对峰值黏度、回生值有显著影响。

表 5-21　不同间歇比时凤杂 42 粳高粱的淀粉黏度、衰减值及回生值

间歇比	峰值黏度/ (mPa·s)	谷值黏度/ (mPa·s)	最终黏度/ (mPa·s)	衰减值/ (mPa·s)	回生值/ (mPa·s)
未干燥粳高粱	2106 ± 3.21	1671 ± 2.16	2377 ± 3.32	435 ± 2.10	706 ± 4.41
1:1	2134 ± 1.50[c]	1517 ± 5.33[b]	2262 ± 5.65[c]	617 ± 3.42[b]	745 ± 5.21[c]
1:2	2235 ± 3.54[b]	1695 ± 5.36[a]	2569 ± 3.71[a]	541 ± 2.47[c]	874 ± 2.30[a]
1:3	2341 ± 1.83[a]	1642 ± 5.25[a]	2430 ± 1.13[b]	699 ± 5.65[a]	787 ± 4.15[b]
1:4	2246 ± 2.74[b]	1697 ± 6.52[a]	2501 ± 5.48[a]	549 ± 5.30[c]	805 ± 5.65[b]
1:5	2104 ± 1.15[c]	1381 ± 1.41[c]	2156 ± 3.01[d]	723 ± 2.56[a]	775 ± 4.42[b]
显著性 P 值	0.044	0.001***	0.001***	0.001***	0.018

注:同列字母不同代表差异性显著(P < 0.05)。

综上所述,对于龙杂 10 粳高粱和凤杂 42 粳高粱:微波干燥粳高粱的淀粉回生值都高于未干燥粳高粱,微波干燥促进淀粉老化;改变单次微波作用时间、单位质量干燥功率、排湿风速和间歇比都对粳高粱淀粉的回生值有极显著或显著影响。因此,淀粉回生值可以作为后续干燥试验的品质指标。凤杂 42 粳高粱淀粉的回生值要比龙杂 10 粳高粱的小很多。

5.4.7　干燥工艺参数对淀粉相变温度及糊化焓的影响

5.4.7.1　单次微波作用时间对淀粉相变温度及糊化焓的影响

如表 5 - 22 所示,在 63.95 ~ 73.70 ℃ 存在一个明显的吸热峰,北方粳高粱的糊化温度较低,约为 64 ℃。单次微波作用时间为 30 ~ 70 s 时,微波干燥对粳高粱淀粉的相变起始温度、相变峰值温度、相变终止温度和相变温度范围等影响都不显著。

淀粉的糊化焓代表在相转变过程中双螺旋链解开与融化所需要的能量。由表 5 - 22 可知,与未干燥粳高粱淀粉相比,干燥粳高粱淀粉的糊化焓有所下降,这与刘佳男、李世杰、Yuan 等人的研究结论一致。方差分析 $P = 0.087 > 0.05$,表明改变单次微波作用时间对糊化焓无显著影响。微波干燥后粳高粱淀粉中的双螺旋链减少,淀粉颗粒结晶区相邻支链淀粉双螺旋的相互作用力减弱,淀粉颗粒中分子的排列变得无序化,使淀粉更容易糊化。微波对粳高粱籽粒的干燥处理破坏了淀粉颗粒结晶区或无定形区的部分双螺旋结构,使分子发生了重排列,因此微波干燥后糊化焓下降。

表 5 - 22　不同单次微波作用时间时龙杂 10 粳高粱淀粉的相变温度及糊化焓

单次微波作用时间/s	相变起始温度(T_o)/℃	相变峰值温度(T_p)/℃	相变终止温度(T_c)/℃	糊化焓(ΔH)/(J·g^{-1})	相变温度范围 $T_c - T_o$/℃
0	64.01 ± 0.06	68.41 ± 0.02	73.30 ± 0.16	11.98 ± 0.23	9.29 ± 0.10
30	63.95 ± 0.21[a]	69.20 ± 0.57[a]	73.65 ± 0.64[a]	10.22 ± 0.22[a]	9.70 ± 0.33[a]
40	64.15 ± 0.07[a]	69.30 ± 0.57[a]	73.55 ± 0.35[a]	10.62 ± 0.43[a]	9.40 ± 0.21[a]
50	64.60 ± 0.14[a]	68.45 ± 0.07[a]	73.55 ± 0.21[a]	10.37 ± 0.06[a]	8.95 ± 0.07[a]
60	64.80 ± 0.28[a]	69.25 ± 0.07[a]	73.70 ± 0.42[a]	9.91 ± 0.20[a]	8.90 ± 0.16[a]
70	64.25 ± 0.07[a]	69.16 ± 0.14[a]	73.42 ± 0.42[a]	9.89 ± 0.06[a]	9.17 ± 0.32[a]

注:同列字母不同代表差异性显著($P < 0.05$)。

5.4.7.2 单位质量干燥功率对相变温度及糊化焓的影响

如表 5 – 23 所示,在 64.01 ~ 73.84 ℃存在一个明显的吸热峰。单位质量干燥功率为 2 ~ 6 W/g 时,干燥粳高粱淀粉的相变起始温度、相变峰值温度、相变终止温度和相变温度范围变化不明显。与未干燥粳高粱淀粉相比,干燥粳高粱淀粉的糊化焓有所下降。方差分析 $P = 0.021 < 0.05$,表明改变单位质量干燥功率对糊化焓有显著影响。

表 5 – 23　不同单位质量干燥功率时龙杂 10 粳高粱淀粉的相变温度及糊化焓

单位质量干燥功率/($W \cdot g^{-1}$)	相变起始温度/℃	相变峰值温度/℃	相变终止温度/℃	糊化焓/($J \cdot g^{-1}$)	相变温度范围/℃
0	64.01 ± 0.06	68.41 ± 0.02	73.30 ± 0.16	11.98 ± 0.23	9.29 ± 0.10
2	64.22 ± 0.01[a]	68.74 ± 0.35[a]	73.38 ± 0.06[a]	11.43 ± 0.11[a]	9.16 ± 0.08[a]
3	64.38 ± 0.31[a]	68.94 ± 0.15[a]	73.47 ± 0.21[a]	11.13 ± 0.09[a]	9.09 ± 0.10[a]
4	64.06 ± 0.02[a]	68.96 ± 0.20[a]	72.83 ± 0.28[a]	9.83 ± 0.07[b]	8.77 ± 0.25[a]
5	64.48 ± 0.01[a]	68.57 ± 0.29[a]	72.98 ± 0.17[a]	9.32 ± 0.19[b]	8.50 ± 0.18[a]
6	64.60 ± 0.17[a]	69.40 ± 0.06[a]	73.84 ± 0.06[a]	10.14 ± 0.12[b]	9.24 ± 0.11[a]

注:同列字母不同代表差异性显著($P < 0.05$)。

5.4.7.3 排湿风速对相变温度及糊化焓的影响

如表 5 – 24 所示,在 64.01 ~ 73.79 ℃时存在一个明显的吸热峰。排湿风速为 0.5 ~ 2.5 m/s 时,干燥粳高粱淀粉的相变起始温度、相变峰值温度、相变终止温度和相变温度范围等总体变化不显著。与未干燥粳高粱淀粉相比,干燥粳高粱淀粉的糊化焓有所下降。方差分析 $P = 0.041 < 0.05$,表明改变排湿风速对糊化焓有显著影响。

表 5 – 24　不同排湿风速时龙杂 10 粳高粱淀粉的相变温度及糊化焓

排湿风速/($m \cdot s^{-1}$)	相变起始温度/℃	相变峰值温度/℃	相变终止温度/℃	糊化焓/($J \cdot g^{-1}$)	相变温度范围/℃
未干燥粳高粱	64.01 ± 0.06	68.41 ± 0.02	73.30 ± 0.16	11.98 ± 0.23	9.29 ± 0.10
0.5	64.14 ± 0.18[a]	69.10 ± 0.51[a]	73.79 ± 0.35[a]	9.68 ± 0.09[b]	9.65 ± 0.53[a]

续表

排湿风速/ (m·s⁻¹)	相变起始 温度/℃	相变峰值 温度/℃	相变终止 温度/℃	糊化焓/ (J·g⁻¹)	相变温度 范围/℃
1.0	64.94±0.31ᵃ	69.19±0.52ᵃ	73.73±0.25ᵃ	11.13±0.21ᵃ	8.79±0.06ᵃ
1.5	64.77±0.04ᵃ	68.85±0.27ᵃ	73.67±0.26ᵃ	9.42±0.12ᵇ	8.90±0.22ᵇ
2.0	64.42±0.23ᵃ	68.65±0.42ᵃ	73.51±0.32ᵃ	11.12±0.28ᵃ	9.09±0.09ᵃ
2.5	64.41±0.33ᵃ	68.65±0.06ᵃ	73.43±0.16ᵃ	11.23±0.05ᵃ	9.02±0.49ᵃ

注:同列字母不同代表差异性显著($P < 0.05$)。

5.4.7.4　间歇比对相变温度及糊化焓的影响

如表 5 - 25 所示,在 63.85 ~ 74.45 ℃ 时存在一个明显的吸热峰。间歇比为 1:1 ~ 1:5 时,干燥粳高粱淀粉的相变起始温度、相变峰值温度、相变终止温度和相变温度范围等变化不显著。与未干燥粳高粱淀粉相比,干燥粳高粱淀粉的糊化焓有所下降。方差分析 $P = 0.077 > 0.05$,表明改变间歇比对糊化焓无显著影响。

表 5 - 25　不同间歇比时龙杂 10 粳高粱淀粉的相变温度及糊化焓

间歇比	相变起始 温度/℃	相变峰值 温度/℃	相变终止 温度/℃	糊化焓/ (J·g⁻¹)	相变温度 范围/℃
未干燥粳高粱	64.01±0.06	68.41±0.02	73.30±0.16	11.98±0.23	9.29±0.10
1:1	64.65±0.07ᵃ	69.25±0.07ᵃ	74.45±0.21ᵃ	10.98±0.18ᵃ	9.80±0.14ᵃ
1:2	63.85±0.35ᵃ	69.35±0.49ᵃ	73.30±0.57ᵃ	10.59±0.12ᵃ	9.45±0.22ᵃ
1:3	64.35±0.07ᵃ	69.15±0.49ᵃ	73.65±0.21ᵃ	11.18±0.08ᵃ	9.30±0.23ᵃ
1:4	64.15±0.07ᵃ	68.86±0.14ᵃ	73.53±0.28ᵃ	11.04±0.05ᵃ	9.38±0.19ᵃ
1:5	64.00±0.01ᵃ	69.29±0.01ᵃ	73.25±0.21ᵃ	11.17±0.03ᵃ	9.25±0.20ᵃ

注:同列字母不同代表差异性显著($P < 0.05$)。

综上所述,改变上述几种干燥工艺参数,粳高粱经微波干燥后,淀粉的相变起始温度、相变峰值温度、相变终止温度和相变温度范围总体差异不显著。相较于未干燥粳高粱,微波干燥粳高粱淀粉的糊化焓有所下降。改变单次微波作用时间和间歇比对糊化焓无显著影响,改变单位质量干燥功率和排湿风速对糊化焓值有显著影响。因此,淀粉相变温度和糊化焓都不作为后续干燥试验的品质指标。

5.4.8 干燥工艺参数对单位能耗的影响

在微波干燥输入功率为 2400 W 的条件下,依据式(5 - 1)计算不同单位质量干燥功率、单次微波作用时间、排湿风速、间歇比等条件下干燥粳高粱的单位能耗。

5.4.8.1 单位质量干燥功率对单位能耗的影响

如表 5 - 26 所示,随着单位质量干燥功率在 2 ~ 6 W/g 范围内逐渐增大,单位能耗逐渐增大。单位质量干燥功率增大,干燥的物料量减少,干燥总时间减少,去除的总水分质量也逐渐减少,且总水分质量比干燥时间减少得快,因此单位能耗增大。方差分析 $P = 0.000^{***} < 0.01$,表明改变单位质量干燥功率对单位能耗有极显著影响。

表 5 - 26　不同单位质量干燥功率时的单位能耗

单位质量干燥功率/(W · g^{-1})	2	3	4	5	6
单位能耗/(kJ · kg^{-1})	13283 ± 26	14491 ± 19	17455 ± 24	21677 ± 20	23040 ± 40

5.4.8.2 单次微波作用时间对单位能耗的影响

如表 5 - 27 所示,随着单次微波作用时间在 30 ~ 70 s 范围内增加,总体看单位能耗呈减少趋势。单次微波作用时间增加,干燥总时间减少,总能耗减少,去除的总水分质量基本相同,因此单位能耗呈减少趋势。方差分析 $P = 0.000^{***} < 0.01$,表明改变单次微波作用时间对单位能耗有极显著影响。

表 5 - 27　不同单次微波作用时间时的单位能耗

单次微波作用时间/s	30	40	50	60	70
单位能耗/(kJ · kg^{-1})	14644 ± 25	14400 ± 22	13211 ± 14	13333 ± 23	12561 ± 31

5.4.8.3　排湿风速对单位能耗的影响

如表 5 - 28 所示,随着排湿风速在 0.5 ~ 2.5 m/s 范围内增加,单位能耗在 13357 ~ 13964 kJ/kg 范围内波动变化。方差分析 $P = 0.028 < 0.05$,表明改变排湿风速对单位能耗有显著影响。

表 5 - 28　不同排湿风速时的单位能耗

排湿风速/(m·s⁻¹)	0.5	1.0	1.5	2.0	2.5
单位能耗/(kJ·kg⁻¹)	13964 ± 42	13593 ± 30	13714 ± 27	13357 ± 24	13593 ± 28

5.4.8.4　间歇比对单位能耗的影响

如表 5 - 29 所示,间歇比为 1:1 ~ 1:5 时,单位能耗在 14255 ~ 15346 kJ/kg 范围内波动变化。方差分析 $P = 0.000^{***} < 0.01$,表明改变间歇比对单位能耗有极显著影响。

表 5 - 29　不同间歇比时的单位能耗

间歇比	1:1	1:2	1:3	1:4	1:5
单位能耗/(kJ·kg⁻¹)	15346 ± 38	14255 ± 23	14491 ± 0.4	14601 ± 20	14621 ± 10

方差分析结果表明,改变单位质量干燥功率、单次微波作用时间、间歇比对单位能耗有极显著影响,改变排湿风速对单位能耗有显著影响。因此,单位能耗可以作为后续干燥试验的性能指标。

5.4.9　干燥工艺参数对粳高粱终了含水率(湿基)的影响

5.4.9.1　单位质量干燥功率对终了含水率的影响

如表 5 - 30 所示,单位质量干燥功率为 2 ~ 6 W/g 时,终了含水率为 11.33% ~ 12.38%。终了含水率与目标含水率 12% (湿基) 求差得到终了含水率变化量。方差分析 $P = 0.398 > 0.05$,表明改变单位质量干燥功率对终了含水率变化量无显著影响。

表 5 – 30 不同单位质量干燥功率时的终了含水率

单位质量干燥功率/ (W · g⁻¹)	2	3	4	5	6
终了含水率/%	11.71 ± 0.04	12.38 ± 0.35	12.32 ± 0.31	11.33 ± 0.12	11.39 ± 0.15
终了含水率变化量/ 百分点	0.29 ± 0.02	0.38 ± 0.06	0.32 ± 0.05	0.67 ± 0.07	0.61 ± 0.07

5.4.9.2 单次微波作用时间对终了含水率的影响

如表 5 – 31 所示,单次微波作用时间为 30 ~ 70 s 时,终了含水率为 11.65% ~ 12.55%,与目标含水率 12% 求差得到终了含水率变化量。方差分析 $P = 0.17 > 0.05$,表明改变单次微波作用时间对终了含水率变化量无显著影响。

表 5 – 31 不同单次微波作用时间时的终了含水率

单次微波作用时间/s	30	40	50	60	70
终了含水率/%	12.55 ± 0.09	11.65 ± 0.08	12.15 ± 0.43	11.71 ± 0.04	11.88 ± 0.001
终了含水率变化量/百分点	0.55 ± 0.06	0.35 ± 0.05	0.15 ± 0.02	0.29 ± 0.03	0.12 ± 0.001

5.4.9.3 排湿风速对终了含水率的影响

如表 5 – 32 所示,排湿风速为 0.5 ~ 2.5 m/s 时,终了含水率为 11.58% ~ 12.57%,与目标含水率 12% 求差得到终了含水率变化量。方差分析 $P = 0.203 > 0.05$,表明改变排湿风速对终了含水率变化量无显著影响。

表 5 – 32 不同排湿风速时的终了含水率

排湿风速/ (m · s⁻¹)	0.5	1.0	1.5	2.0	2.5
终了含水率/%	12.38 ± 0.350	11.88 ± 0.001	11.58 ± 0.300	11.78 ± 0.001	12.57 ± 0.001
终了含水率变化量/百分点	0.38 ± 0.030	0.12 ± 0.001	0.42 ± 0.040	0.22 ± 0.001	0.57 ± 0.060

5.4.9.4　间歇比对终了含水率的影响

如表5-33所示,间歇比为1:1~1:5时,终了含水率为11.82%~12.38%,与目标含水率12%求差得到终了含水率变化量。方差分析$P = 0.995 > 0.05$,表明改变间歇比对终了含水率变化量无显著影响。

表5-33　不同间歇比时的终了含水率

间歇比	1:1	1:2	1:3	1:4	1:5
终了含水率/%	12.20 ± 0.39	11.82 ± 0.31	12.19 ± 0.22	11.84 ± 0.35	12.38 ± 0.26
终了含水率变化量/百分点	0.20 ± 0.02	0.18 ± 0.01	0.19 ± 0.02	0.16 ± 0.01	0.38 ± 0.05

综上所述,改变以上干燥工艺参数对终了含水率变化量都无显著影响。因此,终了含水率及变化量不作为后续干燥试验的性能指标。

5.4.10　干燥工艺参数对平均干燥速率的影响

5.4.10.1　单位质量干燥功率对平均干燥速率的影响

如表5-34所示,随着单位质量干燥功率在2~6 W/g范围内逐渐增大,平均干燥速率逐渐增大。单位质量干燥功率增大,微波作用强度增加,干燥时间减少,所以平均干燥速率增大。方差分析$P = 0.000^{***} < 0.01$,表明改变单位质量干燥功率对平均干燥速率有极显著影响。

表5-34　不同单位质量干燥功率时的平均干燥速率

单位质量干燥功率/(W·g⁻¹)	2	3	4	5	6
平均干燥速率/(%·min⁻¹)	0.783 ± 0.02	1.092 ± 0.04	1.215 ± 0.01	1.293 ± 0.04	1.456 ± 0.04

5.4.10.2　单次微波作用时间对平均干燥速率的影响

如表5-35所示,随着单次微波作用时间在30~70 s范围内逐渐增加,平均干燥速率呈现波动变化,但总体看表现为增大趋势。方差分析 $P = 0.001^{***} <$ 0.01,表明改变单次微波作用时间对平均干燥速率有极显著影响。

表 5-35　不同单次微波作用时间时的平均干燥速率

单次微波作用时间/s	30	40	50	60	70
平均干燥速率/($\% \cdot min^{-1}$)	1.064 ± 0.03	1.025 ± 0.04	1.200 ± 0.02	1.188 ± 0.01	1.255 ± 0.01

5.4.10.3　排湿风速对平均干燥速率的影响

如表 5-36 所示,随着排湿风速在 0.5~2.5 m/s 范围内逐渐增大,平均干燥速率呈现增大和减小的波动变化。方差分析 $P = 0.033 < 0.05$,表明改变排湿风速对平均干燥速率有显著影响。

表 5-36　不同排湿风速时的平均干燥速率

排湿风速/($m \cdot s^{-1}$)	0.5	1.0	1.5	2.0	2.5
平均干燥速率/($\% \cdot min^{-1}$)	1.132 ± 0.003	1.163 ± 0.008	1.041 ± 0.002	1.175 ± 0.017	1.156 ± 0.015

5.4.10.4　间歇比对平均干燥速率的影响

如表 5-37 所示,随着间歇比在 1:1~1:5 范围内逐渐减小,平均干燥速率呈现波动变化。方差分析 $P = 0.041 < 0.05$,表明改变间歇比对平均干燥速率有显著影响。

表 5-37　不同间歇比时的平均干燥速率

间歇比	1:1	1:2	1:3	1:4	1:5
平均干燥速率/($\% \cdot min^{-1}$)	1.107 ± 0.05	1.123 ± 0.01	1.118 ± 0.01	1.019 ± 0.02	1.125 ± 0.02

综上所述,改变单位质量干燥功率、单次微波作用时间对平均干燥速率有极显著影响,改变排湿风速、间歇比对平均干燥速率有显著影响。因此,平均干燥速率可以作为后续干燥试验的性能指标。

5.4.11　干燥工艺参数对粳高粱发芽率的影响

5.4.11.1　单位质量干燥功率对发芽率的影响

如表 5 - 38 所示,未干燥粳高粱的发芽率在 70% 左右,单位质量干燥功率为 2~6 W/g 时,发芽率不超过 3.6%。可见,微波干燥后粳高粱籽粒基本失去生命活性。这表明微波干燥产生的辐射作用和生物效应可能大大降低粳高粱籽粒的生命活性,有利于非种子粳高粱的储藏。

表 5 - 38　不同单位质量干燥功率时粳高粱的发芽率

单位质量干燥功率/($W \cdot g^{-1}$)	0	2	3	4	5	6
发芽率/%	70.0	0.0	0.3	1.0	1.3	3.6

5.4.11.2　单次微波作用时间对发芽率的影响

如表 5 - 39 所示,单次微波作用时间为 30~70 s 时,粳高粱籽粒发芽率不超过 3.0%,表明在不同的单次微波作用时间下,干燥粳高粱籽粒基本失去生命活性。

表 5 - 39　不同单次微波作用时间时粳高粱的发芽率

单次微波作用时间/s	0	30	40	50	60	70
发芽率/%	70.0	3.0	1.3	1.0	0.0	0.3

5.4.11.3　排湿风速对发芽率的影响

如表 5 - 40 所示,排湿风速为 0.5~2.5 m/s 时,粳高粱籽粒发芽率不超过 1.3%,表明在不同的排湿风速下,干燥粳高粱籽粒基本失去生命活性。

表5-40　不同排湿风速时粳高粱的发芽率

排湿风速/(m·s⁻¹)	0	0.5	1.0	1.5	2.0	2.5
发芽率/%	70.0	0.0	0.3	1.3	0.3	0.3

5.4.11.4　间歇比对发芽率的影响

如表5-41所示,间歇比从1:1变化到1:5的过程中,粳高粱籽粒发芽率不超过4.7%,表明在不同间歇比下,粳高粱籽粒基本失去生命活性。

表5-41　不同间歇比时粳高粱的发芽率

间歇比	未干燥粳高粱	1:1	1:2	1:3	1:4	1:5
发芽率/%	70.0	0.0	0.0	1.7	2.3	4.7

由发芽试验结果可知,改变上述干燥工艺参数,微波干燥粳高粱的发芽率最高不超过5%,而未经微波干燥粳高粱的发芽率达到70%左右。这表明微波干燥产生的辐射作用和生物效应会使粳高粱籽粒基本失去生命活性,对于非种子粳高粱而言,微波干燥既起到杀虫抑菌作用,又基本抑制粳高粱籽粒的生命活性,有利于粳高粱的长期安全储藏。上述分析结果表明,发芽率不是后续粳高粱微波干燥试验的品质指标。

综上所述,微波干燥工艺参数对所选粳高粱品种的淀粉黏度、淀粉衰减值、淀粉回生值、直链淀粉含量、单位能耗和平均干燥速率都有显著或极显著影响,但对龙杂10粳高粱和凤杂42粳高粱淀粉黏度、淀粉衰减值的影响规律不同,因此淀粉黏度、淀粉衰减值不作为后续研究的品质指标。直链淀粉含量与淀粉回生值正相关,且淀粉回生值能更好地反映淀粉的老化特性。因此,淀粉回生值、单位能耗和平均干燥速率可以作为后续多因素干燥试验的品性指标。由于凤杂42粳高粱淀粉的回生值比龙杂10粳高粱小很多,因此凤杂42粳高粱是后续多因素试验选择的试验品种。

第6章 粳高粱微波干燥工艺参数试验研究

依据第 5 章品性指标的筛选结果,本章以凤杂 42 粳高粱为试验对象,选取单位质量干燥功率、单次微波作用时间、排湿风速和间歇比作为试验因素,以单位能耗、平均干燥速率和淀粉回生值作为评价指标,运用响应曲面试验设计,在微波干燥试验台上完成响应曲面干燥试验,获得各评价指标的回归模型,分析不同干燥工艺参数间的交互作用对各评价指标的影响,并优化粳高粱微波干燥工艺参数组合,以期为粳高粱微波干燥的产业化应用提供必要的数据支持。

6.1 试验材料与方法

试验所用的凤杂 42 粳高粱产于黑龙江省尚志市庆阳镇,属于吉林品种。试验中粳高粱的初始湿基含水率为 25.85%~26.73%。

6.1.1 试验试剂、仪器设备与方法

试验所用试剂、仪器设备同 5.2 节;试验方法同 3.1.2 节。

6.1.2 指标测定

粳高粱含水率测定参见 3.1.3 节;淀粉回生值测定、单位能耗计算、平均干燥速率计算等参见 5.3 节。

6.2 试验设计

在粳高粱薄层微波干燥单因素试验结果的基础上,确定粳高粱微波干燥响应曲面试验的因素和水平。选用单位质量干燥功率 X_1、单次微波作用时间 X_2、排湿风速 X_3、间歇比 X_4 为试验因素,以单位能耗 Y_1、平均干燥速率 Y_2、淀粉回生值 Y_3 作为评价指标,进行四因素五水平响应曲面试验,表 6 - 1 为试验因素水平编码表。

表 6 - 1 试验因素水平编码表

编码	因素			
	单位质量干燥功率 X_1/(W · g^{-1})	单次微波作用时间 X_2/s	排湿风速 X_3/(m · s^{-1})	间歇比 X_4
-2	2	30	0.5	1:1
-1	3	40	1.0	1:2
0	4	50	1.5	1:3
+1	5	60	2.0	1:4
+2	6	70	2.5	1:5

6.3 结果与分析

试验方案及试验结果见表 6 - 2。

6.3.1 干燥工艺参数对单位能耗的影响

6.3.1.1 单位能耗的回归模型

不同干燥工艺参数组合对单位能耗的影响如表 6 - 2 所示,单位能耗在 13840 ~ 32432 kJ/kg 范围内变化。排除不显著项后,各干燥工艺参数对单位能耗影响的回归模型方程为:

$$Y_1 = 21289 + 4662.88X_1 - 2103.46X_2 + 359.79X_3 + 793.04X_4 + 480.49X_1{}^2 +$$
$$872.24X_2{}^2 + 391.74X_3{}^2 - 531.81X_1X_2 - 356.19X_2X_3 \qquad (6-1)$$

表 6-2　试验方案及试验结果

试验序号	试验因素				评价指标		
	单位质量干燥功率 $X_1/$ (W·g^{-1})	单次微波作用时间 $X_2/$s	排湿风速 $X_3/$ (m·s^{-1})	间歇比 X_4	单位能耗 $Y_1/$ (kJ·kg^{-1})	平均干燥速率 $Y_2/$ (%·min^{-1})	淀粉回生值 $Y_3/$ (mPa·s)
1	3	40	1.0	2	19168	0.822	807
2	5	40	1.0	2	28463	0.927	835
3	3	60	1.0	2	16323	0.960	946
4	5	60	1.0	2	25390	1.038	1109
5	3	40	2.0	2	18808	0.835	798
6	5	40	2.0	2	30922	0.834	818
7	3	60	2.0	2	16856	0.931	979
8	5	60	2.0	2	23867	1.098	1005
9	3	40	1.0	4	20129	0.783	735
10	5	40	1.0	4	30214	0.851	741
11	3	60	1.0	4	17027	0.918	954
12	5	60	1.0	4	25912	1.018	967
13	3	40	2.0	4	21780	0.725	755
14	5	40	2.0	4	31903	0.822	771
15	3	60	2.0	4	17762	0.887	936
16	5	60	2.0	4	25907	1.002	960
17	2	50	1.5	3	13840	0.760	820
18	6	50	1.5	3	32432	0.971	847
19	4	30	1.5	3	29238	0.702	684
20	4	70	1.5	3	20168	1.048	1085
21	4	50	0.5	3	21917	0.966	862
22	4	50	2.5	3	23645	0.883	809
23	4	50	1.5	1	19489	1.084	902
24	4	50	1.5	5	23587	0.889	816

续表

试验序号	试验因素				评价指标		
	单位质量干燥功率 $X_1/$ $(W \cdot g^{-1})$	单次微波作用时间 X_2/s	排湿风速 $X_3/$ $(m \cdot s^{-1})$	间歇比 X_4	单位能耗 $Y_1/$ $(kJ \cdot kg^{-1})$	平均干燥速率 $Y_2/$ $(\% \cdot min^{-1})$	淀粉回生值 $Y_3/$ $(mPa \cdot s)$
25	4	50	1.5	3	22170	0.944	825
26	4	50	1.5	3	21029	1.006	828
27	4	50	1.5	3	20960	1.000	829
28	4	50	1.5	3	21122	0.995	826
29	4	50	1.5	3	21719	1.028	830
30	4	50	1.5	3	20734	1.010	831

6.3.1.2 单位能耗的方差分析

对回归方程进行方差分析,并检验回归方程的拟合度和显著性,结果见表 6-3。由表 6-3 可知,X_1、X_2、X_4、X_1^2、X_2^2、X_3^2、X_1X_2 影响极显著($P < 0.01$),X_3、X_2X_3 影响显著($P < 0.05$);模型 F 值为 120.29,$P < 0.0001$,表明该模型极显著;失拟项检验不显著($P = 0.3268 > 0.05$),说明拟合度较好;模型决定系数 $R^2 = 0.9912$,表明模型精度较高。依据 F 值可以判断,四个影响因素对单位能耗的影响程度由大到小依次为单位质量干燥功率、单次微波作用时间、间歇比、排湿风速。

表 6-3 单位能耗方差分析表

方差来源	平方和	自由度	均方	F 值	P 值
模型	679900000	14	48560000	120.29	< 0.0001 **
X_1	521800000	1	521800000	1292.52	< 0.0001 **
X_2	106200000	1	106200000	263.03	< 0.0001 **
X_3	3107000	1	3107000	7.70	0.0142 *
X_4	15090000	1	15090000	37.39	< 0.0001 **
X_1^2	6332000	1	6332000	15.69	0.0013 **

续表

方差来源	平方和	自由度	均方	F 值	P 值
$X_2{}^2$	20870000	1	20870000	51.69	<0.0001**
$X_3{}^2$	4209000	1	4209000	10.43	0.0056**
$X_4{}^2$	179900	1	179900	0.4456	0.5146
X_1X_2	4525000	1	4525000	11.21	0.0044**
X_1X_3	232.56	1	232.56	0.0006	0.9812
X_1X_4	3875.06	1	3875.06	0.0096	0.9233
X_2X_3	2030000	1	2030000	5.03	0.0405*
X_2X_4	388400	1	388400	0.9622	0.3422
X_3X_4	548000	1	548000	1.36	0.2622
残差	6056000	15	403700	—	—
失拟项	4583000	10	4583000	1.56	0.3268
纯误差	1473000	5	294600	—	—
总和	685900000	29	—	—	—

6.3.1.3　单位质量干燥功率与单次微波作用时间对单位能耗的影响

当零水平排湿风速为 1.5 m/s、零水平间歇比为 1:3 时,单位质量干燥功率和单次微波作用时间对单位能耗的影响如图 6-1 所示。

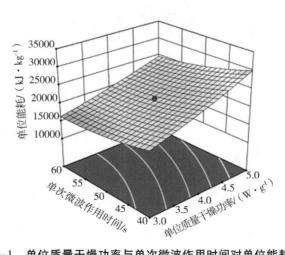

图 6-1　单位质量干燥功率与单次微波作用时间对单位能耗的影响

由图 6-1 可知,当单次微波作用时间一定时,随着单位质量干燥功率的增大,粳高粱微波干燥的单位能耗逐步增加;当单位质量干燥功率一定时,随着单次微波作用时间的增加,单位能耗呈逐渐减少趋势。随着单位质量干燥功率的增大,干燥的物料量减少,干燥总时间减少,但去除的总水分质量也逐渐减少,且总水分质量比干燥时间减少得快,因此单位能耗逐渐增加。随着单次微波作用时间的增加,干燥总时间减少,总能耗减少,去除的总水分质量基本相同,因此单位能耗呈减少趋势。这表明减小单位质量干燥功率、增加单次微波作用时间有利于降低单位能耗。

6.3.1.4 单次微波作用时间与排湿风速对单位能耗的影响

当零水平单位质量干燥功率为 4 W/g、零水平间歇比为 1∶3 时,单次微波作用时间和排湿风速对单位能耗的影响如图 6-2 所示。

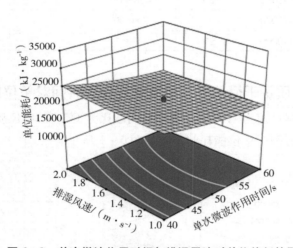

图 6-2 单次微波作用时间与排湿风速对单位能耗的影响

由图 6-2 可知,当排湿风速一定时,随着单次微波作用时间的增加,粳高粱微波干燥的单位能耗逐渐减少;当单次微波作用时间一定时,随着排湿风速的增大,单位能耗呈增加趋势,但不显著。

6.3.1.5 单位质量干燥功率与间歇比对单位能耗的影响

当零水平排湿风速为 1.5 m/s、零水平单次微波作用时间为 50 s 时,单位质量干燥功率和间歇比对单位能耗的影响如图 6-3 所示。

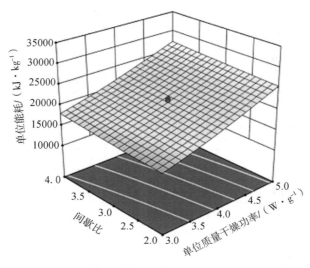

图 6 - 3　单位质量干燥功率与间歇比对单位能耗影响

由图 6 - 3 可知,当间歇比一定时,随着单位质量干燥功率的增大,粳高粱微波干燥的单位能耗逐渐增加;当单位质量干燥功率一定时,随着间歇时间的增加,单位能耗呈增加趋势。因为间歇时间增加使物料温度有所下降,再干燥时间有所增加,总能耗增加,因此单位能耗呈增加趋势。

6.3.2　干燥工艺参数对平均干燥速率的影响

6.3.2.1　平均干燥速率的回归模型

不同干燥工艺参数组合对平均干燥速率的影响见表 6 - 2,平均干燥速率在 0.702%/min ~ 1.098%/min 范围内变化。排除不显著项后,各干燥工艺参数对平均干燥速率影响的回归模型方程为:

$$Y_2 = 0.9972 + 0.048X_1 + 0.081X_2 - 0.0145X_3 - 0.0345X_4 - 0.0345X_1^2 -$$
$$0.0322X_2^2 - 0.0198X_3^2 \qquad\qquad (6-2)$$

6.3.2.2　平均干燥速率的方差分析

对回归方程进行方差分析,并检验回归方程的拟合度和显著性,结果见表 6 - 4。

表6-4 平均干燥速率方差分析表

方差来源	平方和	自由度	均方	F值	P值
模型	0.3089	14	0.0221	23.82	<0.0001**
X_1	0.0552	1	0.0552	59.59	<0.0001**
X_2	0.1576	1	0.1576	170.17	<0.0001**
X_3	0.0051	1	0.0051	5.48	0.0335*
X_4	0.0286	1	0.0286	30.91	<0.0001**
X_1^2	0.0327	1	0.0327	35.31	<0.0001**
X_2^2	0.0284	1	0.0284	30.62	<0.0001**
X_3^2	0.0107	1	0.0107	11.59	0.0039**
X_4^2	0.0005	1	0.0005	0.5428	0.4727
X_1X_2	0.0023	1	0.0023	2.46	0.1375
X_1X_3	0.00003	1	0.00003	0.0492	0.8275
X_1X_4	0.0001	1	0.0001	0.0648	0.8025
X_2X_3	0.0014	1	0.0014	1.54	0.2339
X_2X_4	0.0001	1	0.0001	0.0827	0.7777
X_3X_4	0.0005	1	0.0005	0.4875	0.4957
残差	0.0139	15	0.0009	—	—
失拟项	0.0099	10	0.0010	1.22	0.4364
纯误差	0.0040	5	0.0008	—	—
总和	0.3228	29	—	—	—

由表6-4可知，X_1、X_2、X_4、X_1^2、X_2^2、X_3^2影响极显著($P<0.01$)，X_3影响显著($P<0.05$)。模型F值为23.82，$P<0.0001$，表明该模型极显著。失拟项检验不显著($P=0.4364>0.05$)，说明拟合度较好。模型决定系数$R^2=0.957$，表明模型精度较高。依据F值可以判断，四个影响因素对平均干燥速率的影响程度由大到小依次为单次微波作用时间、单位质量干燥功率、间歇比、排湿风速。

6.3.2.3 单位质量干燥功率与单次微波作用时间对平均干燥速率的影响

当零水平排湿风速为1.5 m/s、零水平间歇比为1:3时，单位质量干燥功率和单次微波作用时间对平均干燥速率的影响如图 6 - 4 所示。

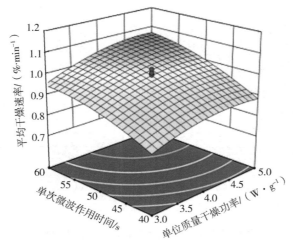

图 6 - 4　单位质量干燥功率与单次微波作用时间对平均干燥速率的影响

由图 6 - 4 可知,当单次微波作用时间一定时,随着单位质量干燥功率的增大,粳高粱微波干燥的平均干燥速率逐步增大;当单位质量干燥功率一定时,随着单次微波作用时间的增加,平均干燥速率逐渐增大。随着单位质量干燥功率的增大,微波作用强度增加,干燥时间减少,虽然去除水分也减少,但干燥时间减少得更快,因此平均干燥速率增大。随着单次微波作用时间的增加,物料温度快速升高,干燥时间减少,因此平均干燥速率增大。

6.3.2.4　单位质量干燥功率与间歇比对平均干燥速率的影响

当零水平排湿风速为 1.5 m/s、零水平单次微波作用时间为 40 s 时,单位质量干燥功率和间歇比对平均干燥速率的影响如图 6 - 5 所示。

由图 6 - 5 可知,当间歇比一定时,随着单位质量干燥功率的增大,粳高粱微波干燥的平均干燥速率逐渐增大;当单位质量干燥功率一定时,随着间歇时间的增加,平均干燥速率有所下降。因为间歇时间增加使物料干燥温度有所下降,干燥时间有所增加,因此平均干燥速率有所下降。

6.3.2.5　单次微波作用时间与排湿风速对平均干燥速率的影响

当零水平单位质量干燥功率为 4 W/g、零水平间歇比为 1∶3 时,单次微波作用时间和排湿风速对平均干燥速率的影响如图 6 - 6 所示。

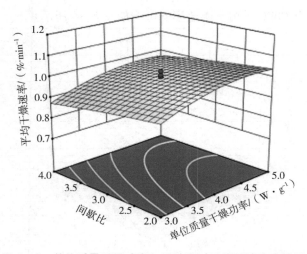

图 6-5　单位质量干燥功率与间歇比对平均干燥速率的影响

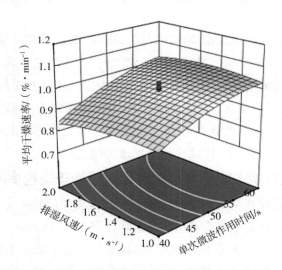

图 6-6　单次微波作用时间与排湿风速对平均干燥速率的影响

由图 6-6 可知,当排湿风速一定时,随着单次微波作用时间的增加,平均干燥速率逐渐增大。当单次微波作用时间一定时,随着排湿风速的增大,平均干燥速率呈现先增后减的变化趋势,但变化幅度较小。微波干燥前期,随着排湿风速的增大,物料水分去除加快,平均干燥速率有所增大;微波干燥中后期,随着排湿风速的增大,物料和周围环境换热加快,物料温度下降,干燥时间增加,平均干燥速率有所下降。

6.3.3　干燥工艺参数对淀粉回生值的影响

6.3.3.1　淀粉回生值的回归模型

不同干燥工艺参数组合对粳高粱微波干燥后淀粉回生值的影响见表 6 – 2,淀粉回生值在 684 ~ 1109 mPa·s 范围内变化。排除不显著项后,各干燥工艺参数对淀粉回生值影响的回归模型方程为:

$$Y_3 = 828.17 + 14.58X_1 + 99.92X_2 - 27.08X_4 + 18.94X_2^2 + 12.56X_4^2$$

$$(6 - 3)$$

6.3.3.2　淀粉回生值的方差分析

对回归方程进行方差分析,并检验回归方程的拟合度和显著性,结果见表 6 – 5。

表 6 – 5　淀粉回生值方差分析表

方差来源	平方和	自由度	均方	F 值	P 值
模型	282900	14	20205.33	27.75	< 0.0001**
X_1	5104.17	1	5104.17	7.01	0.0183*
X_2	239600	1	239600	329.06	< 0.0001**
X_3	1320.17	1	1320.17	1.81	0.1981
X_4	17604.17	1	17604.17	24.18	0.0002**
X_1^2	1050.11	1	1050.11	1.44	0.2484
X_2^2	9836.68	1	9836.68	13.51	0.0022**
X_3^2	1226.68	1	1226.68	1.68	0.2139
X_4^2	4328.68	1	4328.68	5.94	0.0277*
X_1X_2	1521	1	1521	2.09	0.1689
X_1X_3	961	1	961	1.32	0.2686
X_1X_4	1980.25	1	1980.25	2.72	0.1199
X_2X_3	900	1	900	1.24	0.2837
X_2X_4	72.25	1	72.25	0.0992	0.7571

续表

方差来源	平方和	自由度	均方	F 值	P 值
X_3X_4	930.25	1	930.25	1.28	0.2761
残差	9772	15	728.13	—	—
失拟项	9745.17	10	9745.17	12.15	0.0025
纯误差	26.83	5	5.37	—	—
总和	293800	29	—	—	—

由表 6 – 5 可知,X_2、X_4、$X_2{}^2$ 等影响极显著($P < 0.01$),X_1、$X_4{}^2$ 影响显著($P < 0.05$)。模型 F 值为 27.75,$P < 0.0001$,表明该模型极显著。模型决定系数 $R^2 = 0.9628$,表明模型精度较高。依据 F 值可以判断,四个影响因素对淀粉回生值的影响程度由大到小依次为单次微波作用时间、间歇比、单位质量干燥功率、排湿风速。

6.3.3.3　单位质量干燥功率与单次微波作用时间对淀粉回生值的影响

当零水平排湿风速为 1.5 m/s、零水平间歇比为 1∶3 时,单位质量干燥功率和单次微波作用时间对淀粉回生值的影响如图 6 – 7 所示。

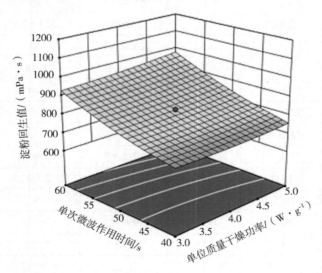

图 6 – 7　单位质量干燥功率与单次微波作用时间对淀粉回生值的影响

由图 6 - 7 可知,当单位质量干燥功率一定时,随着单次微波作用时间的增加,淀粉回生值逐渐增大;当单次微波作用时间一定时,随着单位质量干燥功率的增大,淀粉回生值呈增大趋势。单次微波作用时间增加表明微波对物料作用时间增加,单位质量干燥功率增大表明微波对物料作用强度增大,这些都易使粳高粱支链淀粉的部分长链发生分解,转变为直链淀粉,使直链淀粉含量增加,进而使淀粉回生值增大。

6.3.3.4 单次微波作用时间与间歇比对淀粉回生值的影响

当零水平排湿风速为 1.5 m/s、零水平单位质量干燥功率为 4 W/g 时,单次微波作用时间和间歇比对淀粉回生值的影响如图 6 - 8 所示。

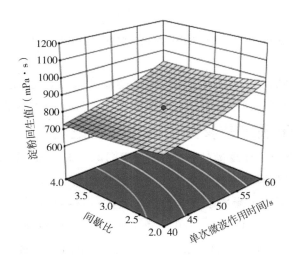

图 6 - 8 单次微波作用时间与间歇比对淀粉回生值的影响

由图 6 - 8 可知,当间歇比一定时,随着单次微波作用时间的增加,淀粉回生值逐渐增大;当单次微波作用时间一定时,随着间歇时间的增加,淀粉回生值呈略减小趋势。因为间歇时间增加,物料温度升高变慢,微波作用强度减弱,部分长链转变为直链淀粉的支链淀粉减少,因此回生值呈略减小趋势。

6.3.3.5 间歇比与排湿风速对淀粉回生值的影响

当零水平单次微波作用时间为 50 s、零水平单位质量干燥功率为 4 W/g 时,间歇比和排湿风速对淀粉回生值的影响如图 6 - 9 所示。

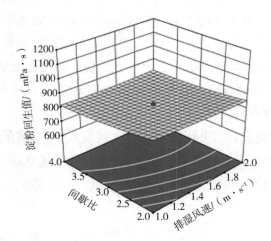

图6－9　间歇比与排湿风速对淀粉回生值的影响

由图6－9可知，当间歇比一定时，随着排湿风速的增大，淀粉回生值变化不显著；当排湿风速一定时，随着间歇时间的增加，淀粉回生值呈略减小趋势。

6.3.4　最佳干燥工艺参数的确定与验证

为了获得微波干燥粳高粱的最佳工艺，我们运用 Design－Expert 中的数值最优方法对干燥工艺参数进行优化。

对单位能耗、平均干燥速率和淀粉回生值进行单一指标的优化分析可得：在单位质量干燥功率为 3.0 W/g、单次微波作用时间为 58.45 s、排湿风速为 1.58 m/s、间歇比为 1:2 的条件下，单位能耗的优化值是 15794.65 kJ/kg；在单位质量干燥功率为 4.91 W/g、单次微波作用时间为 59.94 s、排湿风速为 1.53 m/s、间歇比为 1:2 的条件下，平均干燥速率的优化值是 1.098%/min；在单位质量干燥功率为 4.73 W/g、单次微波作用时间为 44.76 s、排湿风速为 1.86 m/s、间歇比为 1:3.8 的条件下，淀粉回生值的优化值是 770.99 mPa·s。

进行多目标优化时，各干燥因素的权重均设定为 3 星；评价指标的单位能耗权重设定为 5 星，平均干燥速率权重设定为 4 星，淀粉回生值权重设定为 3 星。所得优化结果如表6－6所示。响应函数的期望目标设定原则为：单位能耗最低，平均干燥速率最大，淀粉回生值最小。

为了验证粳高粱微波干燥工艺的可靠性，对优化的最佳工艺进行试验验证。试验条件为：单位质量干燥功率为 3 W/g，单次微波作用时间为 40 s、排湿风速为 1.0 m/s，间歇比为 1∶4。在此条件下进行粳高粱微波干燥试验，做三次平行试验，取平均值作为试验值。试验结果：单位能耗为 20132 kJ/kg，平均干燥速率为 0.789%/min，淀粉回生值为 745.36 mPa·s。试验结果与优化的结果基本一致，因此可以确定本章粳高粱微波干燥试验最佳干燥工艺参数：单位质量干燥功率为 3 W/g，单次微波作用时间为 40 s，排湿风速为 1.0 m/s，间歇比为 1∶4。

表 6-6　粳高粱微波干燥工艺参数优化

干燥工艺参数		权重	优化数值
干燥因素	单位质量干燥功率/(W·g⁻¹)	＊＊＊	3
	单次微波作用时间/s	＊＊＊	40
	排湿风速/(m·s⁻¹)	＊＊＊	1.0
	间歇比	＊＊＊	1∶4
评价指标	单位能耗/(kJ·kg⁻¹)	＊＊＊＊＊	20090.42
	平均干燥速率/(%·min⁻¹)	＊＊＊＊	0.782
	淀粉回生值/(mPa·s)	＊＊＊	734.25

第7章　基于 Label – free 技术的微波干燥粳高粱蛋白质组学分析

　　由前述研究结论可知,不同微波干燥条件对粳高粱总蛋白含量无显著影响,且干燥粳高粱总蛋白含量与天然高粱差异不明显,但是微波干燥对粳高粱中的各类蛋白质和酶是否产生影响及影响如何尚不明确。本章运用蛋白质组学技术分析天然粳高粱经微波干燥处理后的差异表达蛋白变化情况,从分子层面分析微波干燥对粳高粱蛋白质的影响,以期为高粱微波干燥产业化应用及后续精深加工利用提供必要的理论、数据支持。

7.1　试验材料与方法

7.1.1　试验材料与试剂

　　试验所用天然粳高粱(未经微波干燥的粳高粱)为产于大庆市杜尔伯特蒙古族自治县的龙杂 10 品种,属典型北方粳高粱。本章所用主要试剂包括甘油、溴酚蓝、十二烷基硫酸钠(SDS)、尿素、三羟甲基氨基甲烷(Tris)、二硫苏糖醇(DTT)、碘乙酰胺、乙腈、碳酸氢铵、甲酸等。

7.1.2　试验仪器设备

　　本章干燥设备为 GWM – 80B 型隧道式微波干燥机。如图 7 – 1 所示,该干燥设备主要由微波加热器、微波发生器、微波抑制器、传动机构、冷却系统及控制操作系统等组成。整机采用模块化设计,主要部件都采用不锈钢制造。

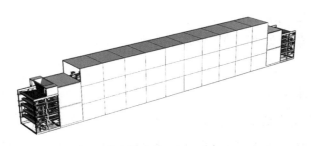

图 7 - 1　隧道式微波干燥机总体三维结构图

　　微波加热器由多个矩形单元干燥腔体组成,每个单元干燥腔体中有不同数量的磁控管组合工作,磁控管采用冷却水套冷却。每个单元干燥腔体内有多个微波输入馈能口,馈能口之间相互干扰小。微波发生器由多点独立控制的电路组成,每个磁控管都配有电流过载保护装置。干燥机进、出口均装有微波抑制器,保证微波泄漏符合国家安全标准。传动机构采用聚四氟乙烯传送带传动、链传动等,速度调节采用无级变频调速,图 7 - 2 为隧道式微波干燥机进料及传动机构三维图。整机由一个控制台统一控制,采用 PLC 控制系统进行控制作业。设备设置有电流监控、开门自动切断磁控管控制装置,可以保证使用安全。

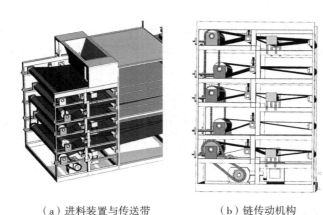

（a）进料装置与传送带　　　　　（b）链传动机构

图 7 - 2　隧道式微波干燥机进料及传动机构三维图

　　其他仪器设备包括 MB25 水分分析仪、LS6200C 精密电子天平、ST20XB 便携式红外测温仪、Q Exactive 质谱仪、EASY – nLC 1000 液相色谱仪、EASY column SC200 150 μm × 100 mm 色谱柱、5430R 低温高速离心机、Concentrator plus 真空离心浓缩仪、WFZ UV – 2100 紫外 – 可见分光光度计、EPS601 电泳仪（600 V）等。

7.1.3　试验方法

7.1.3.1　微波干燥粳高粱样品的制备

在干燥处理前要先清除杂质，筛选籽粒饱满的粳高粱。称取定量粳高粱平铺于特制干燥盒中，并将干燥盒置于隧道式微波干燥机上进行微波干燥。选取单位质量干燥功率为 3 W/g，排湿风速为 0.5 m/s，单循环微波作用时间分别为 1.02 min、2.08 min、3.13 min、4.17 min、5.00 min。采用间歇式干燥方法，即干燥机中每奇数个干燥室发射微波进行干燥，每偶数个干燥室不发射微波进行一个循环的干燥过程。一个干燥循环结束后，快速进行籽粒测温与质量测定，再进行下一个干燥循环，直到粳高粱的水分含量降到安全水分（湿基含水率 12%）时干燥结束。由于单循环微波作用时间为 5.00 min 时的微波作用最强，影响最大，因此以单循环微波作用时间为 5.00 min 的粳高粱干燥样品、天然粳高粱样品作为蛋白质组学分析的样本组。

7.1.3.2　粳高粱蛋白质组学分析

基于非标记定量蛋白质组学技术，采用 MaxQuant 中的 Label – free 算法对蛋白质组学数据进行非标记定量计算，进而对天然粳高粱和微波干燥粳高粱比较组开展质谱定量分析。

（1）蛋白质提取和肽段酶解

样品采用 SDT［4%（质量浓度）SDS，100 mmol/L Tris/HCl（pH = 7.6），0.1 mol/L DTT］裂解法提取蛋白质，然后采用 BCA 法进行蛋白质定量。每个样品取适量蛋白质，采用 FASP 方法进行胰蛋白酶酶解，然后采用 C18 Cartridge 对酶解肽段进行脱盐，肽段冻干后加入 4 μL Dissolution buffer 复溶，肽段定量。

（2）LC – MS/MS 数据采集

每份分级样品采用纳升流速 HPLC 液相系统（EASY – nLC）进行分离。缓冲液：A 液为 0.1% 甲酸水溶液，B 液为 0.1% 甲酸乙腈水溶液（乙腈为 84%）。色谱柱以 95% 的 A 液平衡。样品由自动进样器上样到上样柱（Thermo scientific EASY column，100 μm × 2 cm，5 μm，C18），再经分析柱（Thermo scientific EASY column,75 μm×10 cm,3 μm,C18)分离,流速为 250 nL/min。

　　样品经色谱分离后用 Q Exactive 质谱仪进行质谱分析,分析时长为 60 min,检测方式为正离子,母离子扫描范围为 300~1800 m/z,一级质谱分辨率为 70000 at 200 m/z,Automatic gain control target 为 3e6,Maximum IT 为 10 ms,动态排除时间(Dynamic exclusion)为 40 s。多肽和多肽碎片的质量电荷比按照下列方法采集:每次全扫描(Full scan)后采集 10 个碎片图谱(MS2 scan),MS2 activation type 为 HCD,Isolation window 为 2 m/z,二级质谱分辨率为 17500 at 200 m/z,Normalized collision energy 为 30 eV,Underfill ratio 为 0.1%。

　　(3)蛋白质鉴定和定量分析

　　对于质谱测试原始文件(Raw file)用 MaxQuant 软件(版本号 1.5.5.1)检索相应数据库,最后得到蛋白质鉴定及定量分析结果。

　　(4)生物信息学分析

　　用 OmicsBean 软件对目标蛋白质集合进行 KEGG 通路注释;用 OmicsBean 软件比较各个 KEGG 通路在目标蛋白质集合和总体蛋白质集合中的分布情况,对目标蛋白质集合进行 KEGG 通路注释的富集分析,并用 R version 3.5.1 软件生成 KEGG 富集分析气泡图;基于 STRING 数据库中的信息查找目标蛋白质之间的直接、间接相互作用关系,生成相互作用网络并对网络进行分析。

7.2　结果与分析

7.2.1　差异表达蛋白的筛选与分类结果

7.2.1.1　差异表达蛋白的筛选和聚类分析

　　对天然粳高粱样品、单循环干燥时间为 5.0 min 时的微波干燥粳高粱样品进行蛋白质的质谱分析。图 7－3 为粳高粱提取蛋白的条带胶图,条带比较清晰。图 7－3 中 M 表示蛋白 marker 条带图;1 表示天然粳高粱的条带图;2 表示热风干燥粳高粱的条带图;3 表示微波干燥粳高粱的条带图。

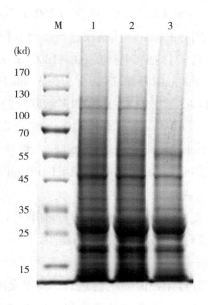

图 7 - 3　粳高粱提取蛋白的条带胶图

　　针对天然粳高粱样品和单循环微波作用时间为 5.0 min 时的干燥粳高粱样品,以 $P < 0.05$、倍数变化(Fold change)$FC \geqslant 1.5$ 或者 $FC \leqslant 0.667(1/1.5)$ 的标准筛选差异表达蛋白,共鉴定到蛋白质 391 个,鉴定到的肽段总数为 604 个,鉴定出天然粳高粱与微波干燥粳高粱比较组的差异表达蛋白总数为 85 个。

　　如图 7 - 4 所示,差异表达蛋白筛选结果以火山图形式进行展示。横坐标为差异倍数(以 2 为底的对数变换),纵坐标为差异的显著性 P 值(以 10 为底的对数变换)。图中红色点表示显著上调表达的 51 个差异表达蛋白;蓝色点表示显著下调表达的 34 个差异表达蛋白;灰色点表示无显著变化的蛋白。

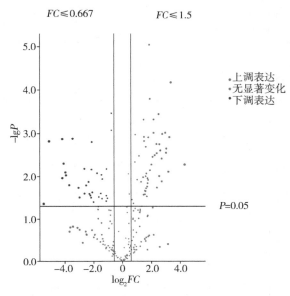

图 7 – 4　天然粳高粱与微波干燥粳高粱比较组的差异表达蛋白火山图

差异表达蛋白筛选分析结果表明:在天然粳高粱样品的 85 个差异表达蛋白中,51 个蛋白含量较低,34 个蛋白含量较高;经微波干燥后,含量较低的 51 个蛋白都上调表达,使相应蛋白含量增加;含量较高的 34 个蛋白都下调表达,使相应蛋白含量降低。这说明,微波干燥使天然粳高粱中的差异表达蛋白的表达发生了显著的变化,能显著影响蛋白质组成及含量。

采用层次聚类算法对比较组的差异表达蛋白分别进行聚类分析,对天然粳高粱样品和微波干燥粳高粱样品进行三次重复试验,三次试验结果都表现了基本一致的变化规律,与上述差异表达蛋白筛选分析结果一致。在 85 个差异表达蛋白中,有 26 个差异表达蛋白属于未表征蛋白,其余 59 个差异表达蛋白均得到表征。

7.2.1.2　差异表达蛋白的功能分类

在 85 个差异表达蛋白中,去除未鉴定出蛋白和未知功能蛋白,共得到具有一定功能的蛋白或酶 37 个,对其按照物质和能量代谢、氨基酸的生物合成、淀粉代谢、转运与调控、抗氧化、其他功能蛋白和酶进行分类,见表 7 – 1。

表 7-1 天然粳高粱经微波干燥处理后差异表达蛋白的质谱鉴定

序号	英文名称	中文名称	肽段覆盖率/%	分子量/kDa	差异表达蛋白相对表达	P 值
物质和能量代谢						
1	Phosphopyruvate hydratase	磷酸丙酮酸水合酶	1.9	50.557	3.000 ↑	0.0223
2	Glucose-1-phosphate adenylyltransferase	葡萄糖-1-磷酸腺苷转移酶	5.4	57.096	3.410 ↑	0.0120
3	Succinate dehydrogenase	琥珀酸脱氢酶	1.7	62.476	5.200 ↑	0.0181
4	Starch branching enzyme IIb	淀粉分支酶 IIb	5.3	20.205	9.560 ↑	0.0012
5	Cytochrome b5 domain-containing protein	细胞色素 b5	3.5	24.987	8.080 ↑	0.0027
6	Purple acid phosphatase	紫色酸性磷酸酶	2.0	38.572	6.730 ↑	0.0010
7	Chitinase	几丁质酶	27.9	27.462	0.055 ↓	0.0108
8	Malate dehydrogenase	苹果酸脱氢酶	16.6	35.464	0.058 ↓	0.0049
9	Alpha-1,4 glucan phosphorylase	α-1,4 葡聚糖磷酸化酶	2.1	106.840	0.233 ↓	0.0235
10	rRNA N-glycosidase	rRNA N-糖苷酶	19.0	32.282	0.292 ↓	0.0083
11	Phosphoglycerate kinase	磷酸甘油酸激酶	4.7	42.449	0.319 ↓	0.0303
12	Fructose-bisphosphate aldolase	果糖二磷酸醛缩酶	7.0	38.558	0.373 ↓	0.0331
13	UTP-glucose-1-phosphate uridylyltransferase	UTP-葡萄糖-1-磷酸尿苷基转移酶	7.3	47.302	0.461 ↓	0.0282

续表

序号	英文名称	中文名称	肽段覆盖率/%	分子量/kDa	差异表达蛋白 相对表达	P 值
氨基酸的生物合成						
1	Glyceraldehyde - 3 - phosphate dehydrogenase	3 - 磷酸甘油醛脱氢酶	17.2	36.345	0.077 ↓	0.0158
2	Phosphopyruvate hydratase	磷酸丙酮酸水合酶	1.9	50.557	3.000 ↑	0.0223
3	Phosphoglycerate kinase	磷酸甘油酸激酶	4.7	42.449	0.319 ↓	0.0303
4	Fructose - bisphosphate aldolase	果糖二磷酸醛缩酶	7.0	38.558	0.373 ↓	0.0331
5	Phosphoglycerate mutase(iPGAM)	磷酸甘油酸变位酶(iPGAM)	1.8	61.861	1.810 ↑	0.0045
6	Aspartate aminotransferase	天冬氨酸氨基转移酶	10.0	43.869	0.064 ↓	0.0079
淀粉代谢						
1	Alpha - amylase inhibitor	α - 淀粉酶抑制剂	6.8	12.499	0.220 ↓	0.0313
2	Alpha - 1,4 glucan phosphorylase	α - 1,4 葡聚糖磷酸化酶	2.1	106.840	0.233 ↓	0.0235
3	Glucose - 1 - phosphate adenylyltransferase	葡萄糖 - 1 - 磷酸腺苷转移酶	5.4	57.096	3.410 ↑	0.0120
4	Starch branching enzyme Ⅱ b	淀粉分支酶 Ⅱ b	5.3	20.205	9.560 ↑	0.0012
转运与调控						
1	Protein transport protein Sec61 subunit beta	蛋白质转运蛋白 Sec61 β 亚基	11.1	8.2494	3.100 ↑	0.0188
2	40S ribosomal protein	40S 核糖体蛋白	3.3	32.773	5.100 ↑	0.0017

续表

序号	英文名称	中文名称	肽段覆盖率/%	分子量/kDa	差异表达蛋白相对表达	P值
3	Succinate dehydrogenase	琥珀酸脱氢酶	1.7	62.476	5.200 ↑	0.0181
4	Ubiquitin – fold modifier 1	类泛素折叠修饰蛋白	12.9	10.381	5.660 ↑	0.0003
5	Protein disulfide – isomerase	蛋白质二硫化物异构酶	5.1	54.531	0.352 ↓	0.0251
6	Eukaryotic translation initiation factor 5A	真核翻译起始因子 5A	11.2	17.475	0.365 ↓	0.0091
抗氧化						
1	L – ascorbate peroxidase	L – 抗坏血酸过氧化物酶	3.6	27.159	0.247 ↓	0.0397
2	Cationic peroxidase SPC4	阳离子过氧化物酶 SPC4	8.3	38.451	0.484 ↑	0.0325
3	Superoxide dismutase	超氧化物歧化酶	14.5	15.087	0.588 ↓	0.0008
4	Peroxidase	过氧化物酶	3.2	33.206	3.270 ↑	0.0172
其他功能蛋白和酶						
1	Late embryogenesis abundant protein 3	胚胎发育晚期丰富蛋白 3	17.6	18.248	3.460 ↑	0.0012
2	Ribosomal S10 domain – containing protein	核糖体 S10 结构域蛋白	7.9	13.845	3.060 ↑	0.0020
3	Oleosin	油质蛋白	25.0	16.184	1.682 ↑	0.0426
4	S – (hydroxymethyl) glutathione dehydrogenase	S – (羟甲基) 谷胱甘肽脱氢酶	3.1	40.754	3.720 ↑	0.0001

注:表中箭头方向表示表达上调或下调。

由表 7 - 1 可知:物质和能量代谢功能分类中,上调表达比较显著的有淀粉分支酶Ⅱb、细胞色素 b5、紫色酸性磷酸酶、琥珀酸脱氢酶等;下调表达比较显著的有几丁质酶、苹果酸脱氢酶等。淀粉分支酶是一种集水解、转移、合成为一体的糖基转移酶,大部分能同时作用于支链淀粉和直链淀粉,少部分仅作用于直链淀粉。其作用机理是通过内部 α - 1,4 - 糖苷键的水解和释放将切下的非还原末端转移至受体链 C6 羟基 11,在 α 葡聚糖中产生 α - 1,6 - 糖苷键,使得淀粉直链缩短、支化程度增加。细胞色素 b5 是一种广泛分布于各种生物微粒体和线粒体外膜中的血红素蛋白,执行电子传递功能,参与生物体组织中一系列重要的氧化还原反应。细胞色素 b5 是内质网膜微电子传递链的组成部分。紫色酸性磷酸酶是一种广泛存在于动物和植物体内的酸性磷酸酶类。它能够调节植物的磷代谢、碳代谢,并参与植物应对逆境、细胞壁合成等。琥珀酸脱氢酶是一种连接三羧酸(TCA)循环和电子传递系统的线粒体内膜蛋白复合物,是TCA 循环中的关键膜复合物,参与呼吸作用,通过氧化磷酸化释放大量能量供给生物体。这些差异表达蛋白的显著上调表达可能会显著促进高粱在后续加工中的淀粉代谢、碳磷物质代谢及氧化还原反应、呼吸作用等能量代谢过程。

几丁质酶是一种能使几丁质降解为几丁寡糖或单糖的酶,在自然界的碳、氮循环以及微生物侵染植物组织、机体免疫、生物防御等方面起到重要作用。苹果酸脱氢酶是 TCA 循环中重要的氧化还原酶,催化 L - 苹果酸脱氢变成草酰乙酸,还参与 C4 循环、糖异生、脂肪酸氧化、氮同化等多种代谢活动。这两种差异表达蛋白的显著下调表达可能会显著延缓高粱中几丁质的降解或 C4 循环及TCA 循环等。

氨基酸的生物合成功能分类中,上调表达比较显著的有磷酸丙酮酸水合酶、磷酸甘油酸变位酶等;下调表达比较显著的有天冬氨酸氨基转移酶、3 - 磷酸甘油醛脱氢酶等。磷酸丙酮酸水合酶是糖代谢途径中的关键酶,其作用是使2 - 磷酸甘油酸转变为磷酸烯醇式丙酮酸;磷酸甘油酸变位酶是糖酵解和糖异生过程中的关键酶,催化 3 - 磷酸甘油酸和 2 - 磷酸甘油酸之间的相互转化。磷酸甘油酸变位酶通过磷酸丝氨酸间的交互介质催化分子间磷酸基转移到单磷酸甘油酸盐上。天冬氨酸氨基转移酶催化酸性氨基酸和相应的酮酸相互转化,对氨基酸代谢过程起到非常重要的作用。3 - 磷酸甘油醛脱氢酶是参与糖酵解的关键酶,催化 3 - 磷酸甘油醛生成 1,3 - 二磷酸甘油酸,同时将能量转移到高能磷酸键中,是糖代谢的中心环节。它还可以与RNA结合、催化微管聚合、调节蛋白质表达与磷酸化、参与自噬、亚硝基化核蛋白和招募转铁蛋白等。这些上、下调表达变化显著的蛋白质或酶会对糖代谢、氨基酸代谢过程等产生较大的影响。

淀粉代谢功能分类中,上调表达比较显著的有淀粉分支酶Ⅱb、葡萄糖-1-磷酸腺苷转移酶;下调表达比较显著的有α-淀粉酶抑制剂、α-1,4葡聚糖磷酸化酶。淀粉分支酶Ⅱb表达上调表明高粱经微波干燥后,淀粉直链缩短、支化程度增加,使高粱中直链、支链淀粉的含量及分布产生较大变化,对高粱的发酵加工产生有利影响。葡萄糖-1-磷酸腺苷转移酶是淀粉合成过程中重要的一种酶。高粱经微波干燥后,该酶表达上调,表达得到释放,从而有利于高粱淀粉的合成。α-淀粉酶抑制剂属于糖(苷)水解酶抑制剂中的一种,它能有效地抑制肠道内唾液及胰淀粉酶的活性,阻碍食物中碳水化合物的水解和消化,减少糖分的摄取。该酶表达下调表明微波作用使其表达得到抑制,从而会促进碳水化合物的水解与消化,有利于物质能量的代谢。植物的α-1,4葡聚糖磷酸化酶通常被称为淀粉磷酸化酶,在高等植物淀粉的生物合成和降解过程中发挥动态调节作用。α-1,4葡聚糖磷酸化酶表达下调会对淀粉代谢过程产生影响。

转运与调控功能分类中,上调表达比较显著的有类泛素折叠修饰蛋白、琥珀酸脱氢酶、40S核糖体蛋白等;下调表达比较显著的有蛋白质二硫化物异构酶、真核翻译起始因子5A。类泛素折叠修饰蛋白具有类似于泛素蛋白泛素化的修饰功能,参与许多细胞活动的调控过程(如内质网调控、DNA修复及应激反应)等。这种修饰在维持多细胞真核细胞稳态中发挥重要作用。40S核糖体蛋白属于40S的小亚基,在DNA修复、细胞凋亡、转录调控和翻译调控中起到重要作用。蛋白质二硫化物异构酶参与蛋白质的生物合成,介导蛋白质的折叠与修饰。真核翻译起始因子5A在许多细胞过程调节(包括翻译延长、细胞增殖、mRNA转换及非生物应激反应等)中起到关键作用。这些蛋白质或酶的表达变化会对细胞过程调控、DNA修复、蛋白质合成、应激反应等过程产生影响。

抗氧化功能分类中,上调表达比较显著的有过氧化物酶;下调表达比较显著的有L-抗坏血酸过氧化物酶等。过氧化物酶是一类以血红素为辅基的酶,主要通过催化分解H_2O_2或其他过氧化物来氧化底物,从而清除体内活性氧和参与体内代谢活动,是生物体内重要的抗氧化酶。L – 抗坏血酸过氧化物酶是一种亚铁血红素蛋白,它用抗坏血酸作为电子供体清除体内产生的 H_2O_2。高粱 L – 抗坏血酸过氧化物酶是亲水性蛋白,其定位于细胞质中。高粱籽粒经微波干燥后,L – 抗坏血酸过氧化物酶下调表达强度小于过氧化物酶上调表达强度,故总体看抗氧化能力得到了释放和提高。

　　综上所述,天然粳高粱经微波干燥后,上述功能分类中的差异表达蛋白都存在显著的上调表达或下调表达,这会对粳高粱后续加工应用中的生物学过程及功能产生较大的影响。差异表达蛋白产生较显著表达变化的原因可能为:在微波介电加热效应和电磁极化现象的双重作用下,差异表达蛋白显著上调、下调表达,进而影响其生物学功能;籽粒中的极性水分子发生高速的互相摩擦、碰撞产生大量热能,使籽粒温度快速升高;微波光子能量的存在影响籽粒中蛋白质分子内化学键及基团周围电子云的排布,进而改变蛋白质分子的构象。

7.2.2　差异表达蛋白的 GO 功能分析

　　采用费希尔(Fisher)精确检验方法对天然粳高粱和微波干燥粳高粱比较组的差异表达蛋白进行 GO 功能分析,基于生物学过程(Biological Process)、细胞组分(Cell Component)和分子功能(Molecular Function)三大方面进行功能分类,按照显著性从左向右排序,并选取前 7~10 个分类信息进行汇总,结果如图 7 – 5 所示。

　　由图 7 – 5 可以看出:在生物学过程分类中,参与细胞生物学过程的蛋白最多,其次为参与单组织生物过程的蛋白,再次为参与应激反应、细胞成分的组织或生物合成的蛋白;在细胞组分分类中,与细胞、细胞部位相关的蛋白最多,其次为细胞器、细胞器部位和生物大分子复合体相关蛋白;在分子功能分类中,与催化活性、结合作用相关的蛋白最多,其次为结构分子活性、转运功能、抗氧化活性相关蛋白。

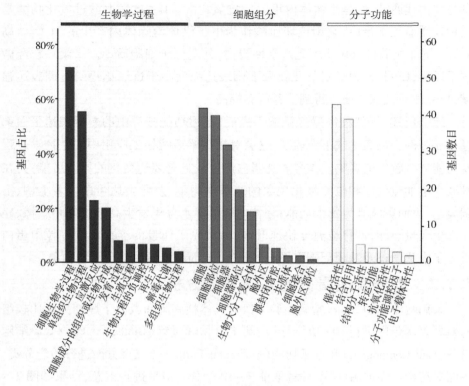

图 7 - 5　基于 GO 分析的差异表达蛋白功能分类

7.2.3　差异表达蛋白 KEGG 通路分析

　　在生物体内,一系列生化分子通过各种级联反应共同完成某一特定的生物学过程,即构成生物学通路。通过对差异表达蛋白进行 KEGG 通路注释可以了解这些蛋白质可能参与的代谢或信号通路,从而显示蛋白质从细胞表面到细胞核的一系列变化过程,揭示参与该过程的一系列生物学事件和作用因子等。

　　为进一步了解天然粳高粱经微波干燥处理后代谢通路的途径信息,本节采用费希尔精确检验方法对差异表达蛋白进行 KEGG 通路分析。如图 7 - 6 所示,排名前 10 的代谢通路分别为碳代谢、糖酵解/糖异生、光合生物碳固定、氨基酸的生物合成、氨基糖和核苷酸糖代谢、TCA 循环、淀粉和蔗糖代谢、RNA 降解、内质网中的蛋白质加工、次级代谢物生物合成,对应的 P 值分别为 0.000000731、0.00000204、0.000369、0.00287、0.00774、0.00871、0.0117、

0.0135、0.0255、0.0262。可以看出,差异表达蛋白极显著参与碳代谢、糖酵解／糖异生、光合生物碳固定、氨基酸的生物合成、氨基糖和核苷酸糖代谢、TCA 循环等代谢途径,显著参与淀粉和蔗糖代谢、RNA 降解、内质网中的蛋白质加工、次级代谢物生物合成等代谢途径。

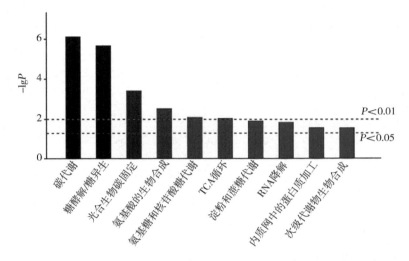

图 7 - 6　差异表达蛋白参与的 KEGG 通路分析柱状图

　　对差异表达蛋白参与的 KEGG 通路进行富集分析,结果如图 7 - 7 所示。图 7 - 7(a)纵坐标表示前 10 个显著富集的 KEGG 通路;横坐标表示每条 KEGG 通路的富集因子(Rich Factor≤1);气泡颜色表示富集的 KEGG 通路的显著性,越接近红色代表对应 KEGG 通路富集度的显著性越高;气泡大小表示参与该 KEGG 通路的差异表达蛋白数目。由图 7 - 7(a)可知,富集因子较高的代谢通路有光合生物碳固定、糖酵解／糖异生、TCA 循环、碳代谢、RNA 降解等,表明差异表达蛋白在这些通路中的富集显著性可靠。由图 7 - 7(b)可知:参与次级代谢物生物合成路径的蛋白最多(18 个);其次是参与碳代谢路径的蛋白(12 个);再次是参与糖酵解／糖异生路径的蛋白(9 个)、参与氨基酸生物合成路径的蛋白(7 个);参与其他代谢路径的蛋白为 3~5 个。

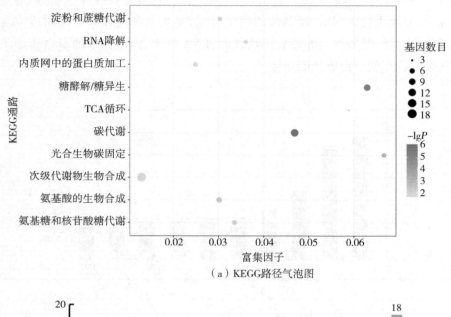

（a）KEGG路径气泡图

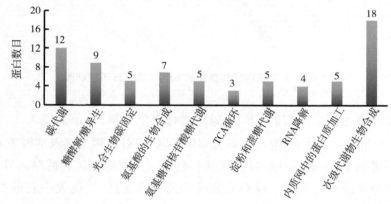

（b）差异表达蛋白数目

图 7 – 7　差异表达蛋白参与的 KEGG 通路富集分析结果

　　一般情况下,KEGG 通路富集分析结果中 P 值越小(P≪0.05),统计学上 KEGG 通路富集越显著,而 KEGG 通路的差异表达蛋白数目在某种程度上反映试验设计中生物学处理对各个通路的影响程度。由图 7 – 6、图 7 – 7 可知,碳代谢通路的 P 值为 0.000000731,参与碳代谢通路的蛋白有 12 个,表明碳代谢通路的综合表现较佳。

7.2.4　差异表达蛋白互作关系分析

在生物体中,蛋白质并不是独立存在的,其功能的行使必须借助于其他蛋白质的调节和介导。这种调节或介导作用的实现首先要求蛋白质之间有结合作用或相互作用。互作网络中,通常蛋白质的连接度越大,该蛋白质发生变化时整个系统受到的扰动就越大,该蛋白质对整个系统代谢或信号转导途径的影响越大。我们对参与显著性高的前 10 种代谢途径中的主要差异表达蛋白进行互作分析,结果如图 7 – 8 所示。

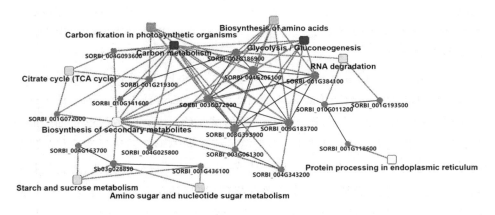

图 7 – 8　差异表达蛋白互作网络

注:图中圆点表示蛋白对应基因;方框表示 KEGG 过程;连线表示有互作关系。

由图 7 – 8 可知,天然粳高粱经微波干燥后的差异表达蛋白中,上调表达蛋白和下调表达蛋白产生相互作用,可直接或间接参与各个代谢途径。其中,上调表达蛋白磷酸甘油酸变位酶(SORBI_001G384100)、磷酸丙酮酸水合酶(SORBI_002G186900)、未知蛋白(SORBI_009G183700)与其他差异表达蛋白作用明显;下调表达蛋白 3 – 磷酸甘油醛脱氢酶(SORBI_004G205100)、未知蛋白(SORBI_003G072300)、果糖二磷酸醛缩酶(SORBI_003G393900)等与其他差异表达蛋白作用明显。

3 – 磷酸甘油醛脱氢酶是参与糖酵解的关键酶。在互作网络中,该酶的连接度最高,它的下调表达不仅对 3 – 磷酸甘油醛生成 1,3 – 二磷酸甘油酸的催化过程产生影响,还对互作网络中的其他主要差异表达蛋白产生直接或间接的重要影响,该蛋白可能是影响整个系统代谢或信号转导途径的关键。磷酸甘油酸变位酶是糖酵解和糖异生过程中的关键酶。在互作网络中,该酶的连接度较高,它的上调表达不仅对3-磷酸甘油酸和2-磷酸甘油酸之间的相互转化过程产生影响,还对互作网络中的其他主要差异表达蛋白产生直接或间接的影响。磷酸丙酮酸水合酶是糖代谢途径中的关键酶。在互作网络中,该酶的连接度较高,它的上调表达不仅对2-磷酸甘油酸向磷酸烯醇式丙酮酸转化产生影响,也对其他主要差异表达蛋白产生直接或间接的影响。果糖二磷酸醛缩酶属于糖酵解酶,催化果糖1,6-二磷酸转化为三磷酸甘油醛和磷酸二羟丙酮的可逆反应,是细胞壁相关的主要抗原蛋白之一。在互作网络中,该酶的连接度较高,它的下调表达不仅影响上述可逆反应,还对其他差异表达蛋白产生直接或间接的影响。

由差异表达蛋白互作分析结果可知,在已知蛋白中,连接度较高的上调表达蛋白包括磷酸甘油酸变位酶和磷酸丙酮酸水合酶,连接度较高的下调表达蛋白包括3-磷酸甘油醛脱氢酶和果糖二磷酸醛缩酶。其中,3-磷酸甘油醛脱氢酶在整个互作网络中连接度最高,该蛋白可能是影响整个系统代谢或信号转导途径的关键酶。这4种蛋白的上调表达或下调表达不仅对碳代谢、光合生物碳固定、氨基酸的生物合成、氨基糖和核苷酸糖代谢、TCA循环、淀粉和蔗糖代谢、RNA降解、内质网中的蛋白质加工、次级代谢物生物合成等功能产生直接或间接的影响,而且它们都与糖酵解、糖代谢关联度很高,会对该代谢通路产生影响。这表明天然粳高粱经微波干燥处理后,在相关代谢通路中,糖酵解、糖代谢通路的差异表达蛋白变化产生的影响可能是最大的。

参考文献

［1］LV X K,CHEN L,ZHOU C S,et al. Application of different proportions of sweet sorghum silage as a substitute for corn silage in dairy cows［J］. Food science & nutrition,2023,11(6):3575－3587.

［2］KERING M K,RAHEMI A,TEMU V W,et al. Production and bioethanol poten-tials of seven dryland－developed grain sorghum cultivars in the relatively moist mid－atlantic region［J］. Communications in soil science and plant analysis,2022,53(7):892－901.

［3］刘晨阳,张蕙杰,辛翔飞.中国高粱产业发展特征及趋势分析[J].中国农业科技导报,2020,22(10):1－9.

［4］段有厚,王艳秋,郭晓雷,等.中国高粱品种登记现状分析及建议[J].辽宁农业科学,2022(4):49－51.

［5］闫锋,董扬,李清泉,等.黑龙江省高粱生产现状及对策[J].农业科技通讯,2021(11):11－13.

［6］王桂英.粮食热风干燥冷凝增效节能机理与技术的研究[D].长春:吉林大学,2022.

［7］张来林,桑青波,傅元海,等.充氮气调对高粱储藏品质的影响[J].河南工业大学学报(自然科学版),2011,32(6):18－23.

［8］AGHILINATEGH N,RAFIEE S,HOSSEINPOUR S,et al. Optimization of inter-mittent microwave－convective drying using response surface methodology［J］. Food science & nutrition,2015,3(4):331－341.

[9] ZIELINSKA M, ZIELINSKA D, MARKOWSKI M. The effect of microwave – vacuum pretreatment on the drying kinetics, color and the content of bioactive compounds in osmo – microwave – vacuum dried Cranberries (*Vaccinium macrocarpon*) [J]. Food and bioprocess technology, 2018, 11(3):585 – 602.

[10] AMBROS S, FOERST P, KULOZIK U. Temperature – controlled microwave – vacuum drying of lactic acid bacteria: Impact of drying conditions on process and product characteristics[J]. Journal of food engineering, 2018, 224:80 – 87.

[11] SILVA L, RESENDE O, DE OLIVEIRA D E C, et al. Liquid diffusion during drying of sorghum grains under different conditions[J]. Engenharia agricola, 2019, 39(6):737 – 743.

[12] XU Y Y, LANG X M, XIAO Y D, et al. Study on drying efficiency, uniformity, and physicochemical characteristics of carrot by tunnel microwave drying combined with explosion puffing drying[J]. Drying technology, 2022, 40(2): 416 – 429.

[13] SHEN L Y, GAO M, ZHU Y, et al. Microwave drying of germinated brown rice: Correlation of drying characteristics with the final quality[J]. Innovative food science & emerging technologies, 2021, 70:102673.

[14] SILVA E G, GOMEZ R S, GOMES J P, et al. Heat and mass transfer on the microwave drying of rough rice grains: An experimental analysis[J]. Agriculture, 2021, 11(1):1 – 17.

[15] WANG L, ZHAO Y M, MA W Y, et al. Utilization efficiency of microwave energy for granular food in continuous drying: From propagation properties to technology parameters[J]. Drying technology, 2022, 40(9), 1881 – 1900.

[16] NANVAKENARI S, MOVAGHARNEJAD K, LATIFI A. Multi – objective optimization of hybrid microwave – fluidized bed drying conditions of rice using response surface methodology[J]. Journal of stored products research, 2022, 97:101956.

[17] 芈韶雷. 山核桃微波干燥特性及工艺优化研究[D]. 合肥:安徽农业大学,2014.

[18] 李静,浦宏杰,宋飞虎,等. 排湿压力对微波干燥过程的影响[J]. 江苏农业

科学,2015,43(5):257 - 259.

[19]于洁.活性米微波干燥特性及工艺研究[D].哈尔滨:东北农业大学,2016.

[20]王红提.疏解棉秆微波热风联合干燥特性及传热传质机理的研究[D].杨凌:西北农林科技大学,2016.

[21]惠菊.温度湿度可控的微波干燥系统设计及果蔬干燥特性研究[D].无锡:江南大学,2016.

[22]易丽.基于不同干燥方法的番木瓜片干燥特性及数学建模[D].昆明:昆明理工大学,2017.

[23]唐小闲.马蹄淀粉微波间歇干燥特性及工艺优化研究[D].大连:大连工业大学,2017.

[24]庞维建.适用于玉米特性的微波干燥工艺探究[D].哈尔滨:东北农业大学,2019.

[25]付文杰.基于热质传递分析的胡萝卜微波干燥过程研究[D].无锡:江南大学,2022.

[26]付文杰,李静,裴永胜,等.微波干燥温度分布对胡萝卜干燥特性与品质的影响[J].中国食品学报,2023,23(5):151 - 161.

[27]赵红霞,王应强,马玉荷,等.微波干燥条件对杏脯干燥特性与品质的影响[J].食品与机械,2023,39(4):123 - 129.

[28]张黎骅,刘波,刘涛涛,等.银杏果微波间歇干燥工艺的优化[J].食品科学,2014,35(2):108 - 114.

[29]郑先哲,于洁,张艳哲,等.活性米微波干燥特性及品质研究[J].东北农业大学学报,2015,46(11):86 - 94,108.

[30]张志勇,李元强,刘成海,等.基于"热失控"规律的香菇微波干燥工艺优化[J].食品科学,2020,41(10):230 - 237.

[31]王磊.浆果连续式微波干燥过程能量利用及工艺优化研究[D].哈尔滨:东北农业大学,2021.

[32]吴慧栋.大豆的微波干燥工艺及装置优化研究[D].芜湖:安徽工程大学,2022.

[33]邹佳池.粳稻热风 - 微波耦合最优干燥工艺与过程品质变化规律的研究[D].长春:吉林农业大学,2022.

[34]凌方庆.稻谷微波干燥工艺研究及干燥装置优化[D].芜湖:安徽工程大学,2022.

[35]RESENDE O,DE OLIVEIRA DANIEL E C,TARCSIO H C,et al. Kinetics and thermodynamic properties of the drying process of sorghum(*Sorghum bicolor* [L.] *Moench*) grains[J]. African journal of agricultural research,2014,9 (32):2453 – 2462.

[36]YU H M,ZUO C C,XIE Q J. Drying characteristics and model of chinese hawthorn using microwave coupled with hot air[J]. Mathematical problems in engineering,2015(3):1 – 15.

[37]KIM H S,KIM O W,KIM H,et al. Thin layer drying model of sorghum[J]. Journal of biosystems engineering,2016,41(4):357 – 364.

[38]HUANG D,MEN K Y,TANG X H,et al. Microwave intermittent drying characteristics of camellia oleifera seeds[J]. Journal of food process engineering, 2021,44(1):1 – 12.

[39]HANDAYANI S U,MUJIARTO I,SISWANTO A P,et al. Drying kinetics of chilli under sun and microwave drying[J]. Materials today:Proceedings,2022, 63(1):153 – 158.

[40]王昊鹏,冯显英,李丽.籽棉热风烘干控制干基含水率模型的研究[J].农业工程学报,2013,29(3):265 – 272.

[41]禤莉婷.香芋脆片热风与真空微波联合干燥加工工艺及其动力学研究 [D].大连:大连工业大学,2017.

[42]宋瑞凯,张付杰,杨薇,等.马铃薯微波干燥动力学建模与仿真[J].湖南农业大学学报(自然科学版),2018,44(2):204 – 209.

[43]刘传菊,汤尚文,李欢欢,等.基于低场核磁共振技术的红薯微波干燥水分变化研究[J].食品科技,2019,44(8):58 – 64.

[44]宋树杰,王蒙.熟化紫薯片微波干燥特性及数学模型[J].食品与发酵工业, 2020,46(2):85 – 93.

[45]田华.生姜微波干燥动力学模型构建[J].保鲜与加工,2020,20(1): 127 – 132.

[46]程丽君,蔡敬民,胡勇,等.蓝莓微波干燥动力学模型的研究[J].保鲜与加

工,2020,20(5):78 – 82.

[47] 孙辉,毛志幸,陈宗道. 锥栗脆球微波干燥动力学模型研究[J]. 热带作物学报,2021,42(7):2067 – 2075.

[48] 付文欠,古丽乃再尔·斯热依力,刘育铭,等. 传统汤饭中面片的微波干燥动力学模型的建立[J]. 食品工业科技,2021,42(16):44 – 52.

[49] 沈素晴,徐亚元,李大婧,等. 青香蕉微波干燥特性及动力学模型研究[J]. 食品工业科技,2022,43(14):110 – 117.

[50] 商涛,袁越锦,赵哲,等. 黄芩微波热风联合干燥动力学及品质研究[J]. 中草药,2023,54(14):4501 – 4510.

[51] 刘显茜. 生物多孔材料非稳态收缩及其对传热传质影响研究[D]. 昆明:昆明理工大学,2010.

[52] KUMAR C,JOARDDER M U H,FARRELL T W,et al. Investigation of intermittent microwave convective drying(IMCD) of food materials by a coupled 3D electromagnetics and multiphase model[J]. Drying technology,2018,36(6):736 – 750.

[53] ONWUDE D I,HASHIM N,ABDAN K,et al. Modelling of coupled heat and mass transfer for combined infrared and hot – air drying of sweet potato[J]. Journal of food engineering,2018,228:12 – 24.

[54] LI H,SHI S L,LIN B Q,et al. A fully coupled electromagnetic,heat transfer and multiphase porous media model for microwave heating of coal[J]. Fuel processing technology,2019,189:49 – 61.

[55] PHAM N D,KHAN M I H,KARIM M A. A mathematical model for predicting the transport process and quality changes during intermittent microwave convective drying[J]. Food chemistry,2020,325:126932.

[56] SHEN L Y,ZHU Y,LIU C H,et al. Modelling of moving drying process and analysis of drying characteristics for germinated brown rice under continuous microwave drying[J]. Biosystems engineering,2020,195:64 – 88.

[57] ZHAO L J,YANG J H,WANG S S,et al. Investigation of glass transition behavior in a rice kernel drying process by mathematical modeling[J]. Drying technology,2020,38(8):1092 – 1105.

[58] KHAN M I H, WELSH Z, GU Y T, et al. Modelling of simultaneous heat and mass transfer considering the spatial distribution of air velocity during intermittent microwave convective drying[J]. International journal of heat and mass transfer,2020,153:119668.

[59] PERAZZINI H, LEONEL A, PERAZZINI M T B. Energy of activation, instantaneous energy consumption, and coupled heat and mass transfer modeling in drying of sorghum grains[J]. Biosystems engineering,2021,210:181 – 192.

[60] 王中明. 基于微波干燥生物材料的传热传质机理研究[D]. 昆明:昆明理工大学,2011.

[61] 孙帅. 热风微波耦合干燥热质传递模型的研究[D]. 无锡:江南大学,2013.

[62] 蒋仕飞. 球形介质材料的微波干燥特性研究[D]. 昆明:昆明理工大学,2014.

[63] 孙井坤. 活性稻米微波干燥机理分析及设备设计[D]. 哈尔滨:东北农业大学,2016.

[64] 高敏. 稻谷籽粒热风干燥过程中热质传递模拟[D]. 天津:天津科技大学,2017.

[65] 吴中华,李凯,高敏,等. 稻谷籽粒内部热湿传递三维适体数学模型研究[J]. 农业机械学报,2018,49(1):329 – 334.

[66] 慕松,于日照,宿友亮. 基于相似理论的枸杞微波干燥过程模型研究[J]. 农业开发与装备,2019(1):101 – 104.

[67] 王康. 微波干燥玉米的传热传质及实验装置研究[D]. 芜湖:安徽工程大学,2019.

[68] 李武强. 当归切片微波真空干燥特性及传热传质机理研究[D]. 兰州:甘肃农业大学,2020.

[69] 陈若龙,华伟. 微波干燥中介质温度梯度与含水率变化关系的研究[J]. 真空电子技术,2023(2):70 – 75.

[70] ODUNMBAKU L A, SOBOWALE S S, ADENEKAN M K, et al. Influence of steeping duration, drying temperature, and duration on the chemical composition of sorghum starch[J]. Food science & nutrition,2018,6(2):348 – 355.

[71] LACHOWICZ S, MICHALSKA A, LECH K, et al. Comparison of the effect of

four drying methods on polyphenols in saskatoon berry[J]. LWT—Food science & technology,2019,111:727－736.

[72]WANG Q F,LI S,HAN X,et al. Quality evaluation and drying kinetics of shi-take mushrooms dried by hot air,infrared and intermittent microwave－assisted drying methods[J]. LWT—Food science & technology,2019,107:236－242.

[73]PALIWAL A,SHARMA N. Effect of drying on germination index of sorghum [J]. Plant archives,2020,20(1):1207－1212.

[74]CHARMONGKOLPRADIT S,SOMBOON T,PHATCHANA R,et al. Influence of drying temperature on anthocyanin and moisture contents in purple waxy corn kernel using a tunnel dryer[J]. Case studies in thermal engineering,2021, 25:100886.

[75]ALMAIMAN S A M,ALBADR N A,ALSULAIM S,et al. Effects of microwave heat treatment on fungal growth,functional properties,total phenolic content, and antioxidant activity of sorghum (*Sorghum bicolor* L.) grain [J]. Food chemistry,2021,348:128979.

[76]HUANG W Y,SONG E,LEE D,et al. Characteristics of functional brown rice prepared by parboiling and microwave drying[J]. Journal of stored products research,2021,92:101796.

[77]WANG L Y,WANG M,ZHOU Y H,et al. Influence of ultrasound and micro-wave treatments on the structural and thermal properties of normal maize starch and potato starch:A comparative study[J]. Food chemistry,2022,377:131990.

[78]梁礼燕. 热风、微波薄层干燥稻谷品质研究[D]. 南京:南京财经大学,2011.

[79]王素雅,杨晓亚,胡丹丹,等. 微波干燥与鼓风干燥对稻谷品质的影响[J]. 中国粮油学报,2014,29(10):83－87.

[80]徐凤英,陈震,李长友,等. 稻谷热风、微波干燥品质与玻璃化转变研究[J]. 农业机械学报,2015,46(2):187－192.

[81]沈柳杨. 发芽糙米微波干燥及品质变化机理研究[D]. 哈尔滨:东北农业大学,2020.

[82]马文睿. 微波加热对马铃薯淀粉糊化过程中晶体及分子结构的影响[D].

无锡:江南大学,2013.

[83]陈秉彦.莲子淀粉微波效应的研究[D].福州:福建农林大学,2015.

[84]刘佳男,于雷,王婷,等.微波处理对白高粱淀粉理化特性的影响[J].食品科学,2017,38(5):186-190.

[85]张晓红,万忠民,孙君,等.微波处理对大米RVA谱特征值和微观结构的影响[J].食品工业科技,2017,38(12):87-91,96.

[86]迟治平,刁静静,张丽萍,等.微波改性对高粱抗性淀粉结构和理化特性的影响[J].中国食品添加剂,2018(9):158-163.

[87]姜倩倩,田耀旗,金征宇.不同种类淀粉在微波辐射下性质的差异性研究[J].食品研究与开发,2019,40(13):74-78.

[88]葛云飞,康子悦,沈蒙,等.高粱自然发酵对淀粉分子结构及老化性质的影响[J].食品科学,2019,40(18):35-40.

[89]袁璐,胡婕伦,殷军艺.微波辐射对大米淀粉理化性质和结构特性的影响[J].南昌大学学报(理科版),2020,44(6):544-550.

[90]徐亚元,沈素晴,李大婧,等.青香蕉微波干燥中淀粉糊化行为及消化特性的研究[J].食品工业科技,2022,43(3):88-96.

[91]王宸之,邓自高,李琳,等.热风和微波干燥对龙眼品质的影响[J].食品与生物技术学报,2018,37(4):429-436.

[92]刘伟东,顾欣,郭君钰,等.微波热风联合干燥工艺对枸杞品质和表面微生物的影响[J].农业工程学报,2019,35(20):296-302.

[93]杨玲,王琪,郭旭凯,等.高粱单宁含量对清香型大曲白酒酒醅中细菌种群的影响[J].中国酿造,2020,39(7):83-88.

[94]郑先哲,封少轩,高瑞丽,等.浆果微波干燥品质控制系统研究[J].东北农业大学学报,2022,53(2):63-72.

[95]郑亿青,张来林,李兴军,等.谷物和油料比热测定的研究进展[J].粮油食品科技,2014,22(4):89-94.

[96]罗伟,戴希碧.含水量对谷物热传导性能的影响[J].安徽农业科学,2010,38(21):11453-11454.

[97]王婧.小杂粮的介电特性与主要影响因素的关系研究[D].杨凌:西北农林科技大学,2012.

［98］兰静,叶红红,孙向东,等. 我国高粱品质现状分析［J］. 黑龙江农业科学,
2018(2):99－102.

［99］袁蕊,敖宗华,刘小刚. 南北方几种高粱酿酒品质分析［J］. 酿酒科技,2011
(12):33－36.

［100］田新惠,唐玉明,任道群,等. 南北方酿酒高粱淀粉理化特性比较［J］. 食品
与发酵工业,2017,43(1):91－95.

［101］郭国柱. 微波干燥关键技术研究［D］. 郑州:郑州大学,2013.

［102］任伟,赵家升. 电磁场与微波技术［M］. 北京:电子工业出版社,2005.

［103］YE J H, LAN J Q, XIA Y, et al. An approach for simulating the microwave
heating process with a slow－rotating sample and a fast－rotating mode stirrer
［J］. International journal of heat & mass transfer,2019,140:440－452.

［104］董铁有. 微波干燥室内的能量分布研究［J］. 干燥技术与设备,2015,13
(4):35－39.

［105］MOKHTA Z M, ONG M Y, SALMAN B, et al. Simulation studies on microwave－
assisted pyrolysis of biomass for bioenergy production with special attention on
waveguide number and location［J］. Energy,2020,190:116474.

［106］聂少伍. 隧道式微波炉腔体尺寸及波导布置优化设计［D］. 武汉:华中农
业大学,2016.

［107］李树君. 农产品微波组合干燥技术［M］. 北京:中国科学技术出版
社,2015.

［108］YUAN L X, ZHENG X Z, SHEN L Y. Continuous microwave drying of germi-
nated red adzuki bean:Effects of various drying conditions on drying behavior
and quality attributes［J］. Journal of food processing & preservation,2022,46
(11):e17090.

［109］ABANO E E, AMOAH R S. Microwave and blanch－assisted drying of white
yam(*Dioscorea rotundata*)［J］. Food science & nutrition, 2015, 3 (6):
586－596.

［110］GUEMOUNI S, MOUHOUBI K, BRAHMI F, et al. Convective and microwave
drying kinetics and modeling of tomato slices, energy consumption, and effi-
ciency［J］. Journal of food process engineering,2022,45(9):e14113.

[111] JAUBERT – GARIBAY S, HERNÁNDEZ – VARELA J D, CHANONA – PÉREZ J J, et al. Assessing the product quality of mango slices treated with osmotic and microwave drying by means of image, microstructural, and multivariate analyses[J]. Drying technology,2023,41(3):363 – 377.

[112] 英克鲁佩勒,德维特,伯格曼,等. 传热和传质基本原理:第 6 版[M]. 葛新石,叶宏,译. 北京:化学工业出版社,2021.

[113] 吴大伟,张成林. 恒速干燥阶段对流传热系数的研究[J]. 农产品加工(学刊),2006(4):40 – 42.

[114] 张忠进,金文桂. 谷物导热系数测试的研究[J]. 农业工程学报,1995(1):151 – 155.

[115] 巨浩羽,赵海燕,张卫鹏,等. 相对湿度对胡萝卜热风干燥过程中热质传递特性的影响[J]. 农业工程学报,2021,37(5):295 – 302.

[116] 王雪媛,陈芹芹,毕金峰,等. 热风 – 脉动压差闪蒸干燥对苹果片水分及微观结构的影响[J]. 农业工程学报,2015,31(20):287 – 293.

[117] 中华人民共和国国家质量监督检验检疫总局,中国国家标准化管理委员会. 高粱单宁含量的测定:GB/T 15686—2008[S]. 北京:中国标准出版社,2009.

[118] 中华人民共和国国家卫生和计划生育委员会,国家食品药品监督管理总局. 食品安全国家标准食品中蛋白质的测定:GB 5009. 5—2016[S]. 北京:中国标准出版社,2016.

[119] 中华人民共和国国家卫生和计划生育委员会,国家食品药品监督管理总局. 食品安全国家标准 食品中淀粉的测定:GB 5009.9—2016[S]. 北京:中国标准出版社,2016.

[120] 张吉军,曹龙奎,衣淑娟,等. 微波间歇干燥对北方粳高粱蛋白质及淀粉品质的影响[J]. 食品科学,2022,43(7):52 – 60.

[121] MORENO Á H, AGUIRRE Á J, MAQUEDA R H, et al. Effect of temperature on the microwave drying process and the viability of amaranth seeds[J]. Biosystems engineering,2022,215:49 – 66.

[122] 王力,杨懿,钱海峰,等. 不同加工方式对淀粉性质的影响[J]. 食品与生物技术学报,2017,36(3):225 – 235.

［123］ODUNMBAKU L A,SOBOWALE S S,ADENEKAN M K,et al. Influence of steeping duration,drying temperature,and duration on the chemical composition of sorghum starch［J］. Food science & nutrition,2018,6(2):348 – 355.

［124］程新峰,杭华,肖子群. 微波辐射下淀粉的响应机制及研究现状［J］. 食品科学,2018,39(13):310 – 316.

［125］HEYDARI M M,NAJIB T,BAIK O,et al. Loss factor and moisture diffusivity property estimation of lentil crop during microwave processing［J］. Current research in food science,2022,5:73 – 83.

［126］SHARANAGAT V S,SUHAG R,ANAND P,et al. Physico – functional,thermo – pasting and antioxidant properties of microwave roasted sorghum［Sorghum bicolor(L.) Moench］［J］. Journal of cereal science,2019,85:111 – 119.

［127］张雪梅,张玲,高飞虎,等. 重庆主栽酿酒糯高粱的品质特性［J］. 食品与发酵工业,2016,42(3):177 – 181,187.

［128］OJHA P,ADHIKARI R,KARKI R,et al. Malting and fermentation effects on antinutritional components and functional characteristics of sorghum flour［J］. Food science & nutrition,2018,6(1):47 – 53.

［129］王宏伟,许可,张艳艳,等. 淀粉老化的影响因素及其检测技术研究进展［J］. 轻工学报,2021,36(1):17 – 29.

［130］葛云飞,康子悦,沈蒙,等. 自然发酵对高粱淀粉理化性质的影响［J］. 中国粮油学报,2018,33(7):51 – 57.

［131］朱艳菊. 基于 RVA 谱的稻米食味品质评价及分子标记关联研究［D］. 广州:华南农业大学,2018.

［132］李世杰,段春月,刘畅. 微波对板栗淀粉结构和理化性质的影响［J］. 中国粮油学报,2020,35(2):31 – 35,49.

［133］管媛媛,杨婷,葛雨嘉,等. 微生物来源淀粉分支酶异源高效表达策略的研究进展［J］. 食品与发酵工业,2020,46(16):276 – 282.

［134］HE W,LIU X G,LIN L S,et al. The defective effect of starch branching enzyme Ⅱ b from weak to strong induces the formation of biphasic starch granules in amylose – extender maize endosperm［J］. Plant molecular biology,2020,103:355 – 371.

[135]TAKUMI Y,JUNKO O,KAZUSHIGE M,et al. Creation of a novel DET type FAD glucose dehydrogenase harboring *Escherichia coli* derived cytochrome b$_{562}$ as an electron transfer domain[J]. Biochemical and biophysical research communications,2020,530(1):82 – 86.

[136]展恩玲,盛成旺,陈煜明,等. 可视化细胞色素 b$_5$ 蛋白的显色核心片段解析[J]. 南京农业大学学报,2021,44(1):97 – 102.

[137]ZHU S N,CHEN M H,LIANG C Y,et al. Characterization of purple acid phosphatase family and functional analysis of *GmPAP7a/7b* involved in extracellular ATP utilization in soybean[J]. Frontiers in plant science,2020,11:661.

[138]ZHAO Y,FENG F,GUO Q H,et al. Role of succinate dehydrogenase deficiency and oncometabolites in gastrointestinal stromal tumors[J]. World journal of gastroenterology,2020,26(34):5074 – 5089.

[139]ALSINA C,SANCHO – VAELLO E,ARANDA – MARTÍNEZ A,et al. Auxiliary active site mutations enhance the glycosynthase activity of a GH18 chitinase for polymerization of chitooligosaccharides[J]. Carbohydrate polymers,2021,252:117121.

[140]CHEN Y Q,FU Z Y,ZHANG H,et al. Cytosolic malate dehydrogenase 4 modulates cellular energetics and storage reserve accumulation in maize endosperm[J]. Plant biotechnology journal,2020,18(12):2420 – 2435.

[141]LI X P,MENG X H,LUO K,et al. cDNA cloning and expression analysis of a phosphopyruvate hydratase gene from the chinese shrimp *Fenneropenaeus chinensis*[J]. Fish and shellfish immunology,2017,63:173 – 180.

[142]LIN D,ZHANG L,MEI J,et al. Mutation of the rice *TCM*12 gene encoding 2,3 – bisphosphoglycerate – independent phosphoglycerate mutase affects chlorophyll synthesis,photosynthesis and chloroplast development at seedling stage at low temperatures[J]. Plant biology,2019,21(4):585 – 594.

[143]BANIK SI D,BANKURA A,CHANDRA A. A QM/MM simulation study of transamination reaction at the active site of aspartate aminotransferase:Free energy landscape and proton transfer pathways[J]. Journal of computational

chemistry,2020,41(32):2684 – 2694.

[144]吴志亮,黄莹,王则金.草菇响应低温胁迫的差异蛋白质组学分析[J].食品科学,2020,41(19):212 – 220.

[145]ZHANG L,LIU M R,YAO Y C,et al. Characterization and structure of glyceraldehyde – 3 – phosphate dehydrogenase type 1 from *Escherichia coli*[J]. Acta crystallographica,2020,76(9):406 – 413.

[146]孙术国,王若晖,林亲录,等.利用蛋白质组学技术研究不同储藏条件稻谷陈化机制[J].农业工程学报,2017,33(18):277 – 284.

[147]UDANI J,TAN O,MOLINA J. Systematic review and meta – analysis of a proprietary alpha – amylase inhibitor from White Bean(*Phaseolus vulgaris* L.) on weight and fat loss in humans[J]. Foods,2018,7(4):63.

[148]SATOH H,SHIBAHARA K,TOKUNAGA T,et al. Mutation of the plastidial alpha – glucan phosphorylase gene in rice affects the synthesis and structure of starch in the endosperm[J]. The plant cell,2008,20(7):1833 – 1849.

[149]FANG Z,PAN Z Z. Essential role of ubiquitin – fold modifier 1 conjugation in DNA damage response [J]. DNA and cell biology, 2019, 38 (10): 1030 – 1039.

[150]张睿,陈亚兰,屠俊.蛋白质 UFM 化修饰[J].中国生物化学与分子生物学报,2019,35(3):229 – 239.

[151]HASSAN N,OSMAN N,SHOMO A,et al. Immunohistochemical expression of 40S ribosomal protein SA and Fibronectin – 1 in breast cancer tissues from sudanese patients[J]. International journal of biochemistry research & review,2016,14(3):238 – 249.

[152]OKUMURA M,NOI K,INABA K. Visualization of structural dynamics of protein disulfide isomerase enzymes in catalysis of oxidative folding and reductive unfolding[J]. Current opinion in structural biology,2021,66:49 – 57.

[153]BIAN D D,ZHAO X M,CHEN L,et al. Molecular cloning and expression analysis of the highly conserved eukaryotic translation initiation factor 5A (eIF – 5A) from *Antheraea pernyi*[J]. Entomological research,2018,48(1): 11 – 17.

[154] KIM Y H, KIM H S, PARK S C, et al. Downregulation of *swpa*4 peroxidase expression in transgenic sweetpotato plants decreases abiotic stress tolerance and reduces stress – related peroxidase expression [J]. Plant biotechnology reports, 2021, 15:69 – 76.

[155] 肖金玲, 王娟, 全志刚, 等. 煮制处理对绿豆中多酚含量及其抗氧化活性的影响[J]. 包装工程, 2020, 41(15):34 – 42.

[156] 陈国强, 孟鹏, 刘李黎, 等. 高粱抗坏血酸过氧化物酶基因的电子克隆及序列分析[J]. 生物信息学, 2011, 9(2):125 – 130.

[157] 胡莹, 赵晓宇, 杨海波, 等. 认知相关基因的生化通路与蛋白质互作网络分析[J]. 航天医学与医学工程, 2020, 33(2):166 – 174.

[158] ZHANG G L, ZHU Y, FU W D, et al. iTRAQ protein profile differential analysis of dormant and germinated grassbur twin seeds reveals that ribosomal synthesis and carbohydrate metabolism promote germination possibly through the PI3K pathway[J]. Plant & cell physiology, 2016, 57(6):1244 – 1256.

[159] 董艳, 张正海, 王宁, 等. 基于 Label – free 技术的汉麻籽不同发芽时期蛋白质组学分析[J]. 食品科学, 2020, 41(14):190 – 194.

[160] TAN D B A, ITO J, PETERS K, et al. Protein network analysis identifies changes in the level of proteins involved in platelet degranulation, proteolysis and cholesterol metabolism pathways in AECOPD patients[J]. Journal of chronic obstructive pulmonary disease, 2020, 17(1):29 – 33.

[161] DE AMORIM A L, DE LIMA A V M, DE ALMEIDA DO ROSÁRIO A C, et al. Molecular modeling of inhibitors against fructose bisphosphate aldolase from *Candida albicans*[J]. In silico pharmacology, 2018, 6(1):2.